電波工学基礎シリーズ 3 ●新井宏之 監修

波動伝送工学

榊原久二男・太郎丸真・藤森和博 著

朝倉書店

シリーズ監修

新井　宏之　　横浜国立大学　大学院工学研究院　教授
（あらい　ひろゆき）

著　者

榊原久二男　　名古屋工業大学　大学院工学研究科　教授
（さかきばら　くにお）

太郎丸　真　　福岡大学　工学部　教授
（たろうまる　まこと）

藤森　和博　　岡山大学　大学院自然科学研究科　准教授
（ふじもり　かずひろ）

まえがき

　すべてのものがワイヤレスにつながる時代が間近に迫る中，その基盤となるのは電磁波である．本シリーズでは電磁波の基本となる電磁気学から，空間に電磁波を発生させるアンテナ，伝送路を伝搬する電磁波とその応用素子，そして，実際に伝わる電磁波の特性を，電磁波工学，伝送工学，電波伝搬として一貫して学べることを目的としている．

　電磁波の挙動はマクスウェルの方程式で支配されており，これを解くことにより，電磁界の分布や伝搬の様子を定量的に評価できる．近年，解析対象の3次元構造を入力すれば，その境界条件の下でマクスウェルの方程式を解いて電磁界解析するシミュレータが多く市販され，様々な高周波デバイスやシステムの設計に，今やなくてはならないツールとなっている．しかし，高周波システムを一度に解析するには，多くのメモリと高速な処理性能が必要な上に，莫大な計算時間がかかる．しかも，特性は得られても，問題の原因の特定は難しい．そのため，高周波システムの解析に回路理論が導入されることで，マイクロ波回路素子の設計が簡単にできたり，大規模なシステムの特性が，回路素子の電磁界解析結果をつなげるだけで求めたりできる．ところが高周波は直流と異なり，解析対象が波長と比べて無視できない大きさになると，特別な取り扱いが必要となる．

　本書では，波長からくる伝搬定数と特性インピーダンスにより特徴付けられた伝送線路理論を詳しく解説した上で，これによって設計される整合回路の設計手法，さらに，具体的な回路として，様々な伝送線路や回路素子，中でも共振器については Q 値の概念と周波数帯域との関係について説明し，近年，急速に開発が進められている高周波半導体集積回路についても紹介する．本書では各章に演習問題を付しているので，理解に活用されたい．なお，演習問題の解答は，本書末尾に略解を示すとともに，その詳解を朝倉書店ウェブページ上（www.asakura.co.jp/books/isbn/978-4-254-22216-6/）に掲載している．併せて参考にされたい．

2019 年 2 月

著者一同

目　次

1　波動伝送工学とその基礎事項 ─────────〔太郎丸真〕1
　1.1　波動伝送工学（序論）　1
　　1.1.1　電波の周波数帯の分類と「マイクロ波」　1
　　1.1.2　様々な伝送線路　2
　1.2　分布定数線路　4
　　1.2.1　配線導体上に分布するLとC　4
　　1.2.2　電信方程式　5
　　1.2.3　伝搬定数と特性インピーダンス　6
　　1.2.4　波動方程式による空間の平面波　7
　1.3　伝送線路内部の定在波分布　11
　　1.3.1　負荷インピーダンスと反射係数の関係　11
　　1.3.2　反射係数と整合　12
　　1.3.3　参照面の変更によるインピーダンスと反射係数　13
　　1.3.4　入射波と反射波による定在波の発生　13
　　1.3.5　供給電力最大の法則と定在波と整合　14
　1.4　整合回路の設計　16
　　1.4.1　散乱行列　16
　　1.4.2　インピーダンス変換（半波長，1/4 波長変成器，スタブ）　18
　　1.4.3　スミスチャート　20
　　1.4.4　イミタンスチャートとインピーダンス変換回路への活用　25
　　1.4.5　変成器によるインピーダンス整合　28
　　1.4.6　リアクタンス素子による整合回路　29
　　1.4.7　分布定数回路のみで構成した整合回路（単一スタブ，二重スタブ，多重スタブ）　33
　　1.4.8　リアクタンス素子数を冗長化した整合回路　38

2 マイクロ波伝送線路 〔榊原久二男〕40
- 2.1 伝搬電磁波の分類　40
- 2.2 平面波伝送線路　42
  - 2.2.1 同軸線路　42
  - 2.2.2 レッヘル線　46
  - 2.2.3 平面線路　48
- 2.3 導波管伝送線路　51
  - 2.3.1 平行板線路　51
  - 2.3.2 方形導波管　52
  - 2.3.3 円形導波管　60
- 2.4 表面波線路　61

3 回路素子 〔榊原久二男〕64
- 3.1 終端素子（1開口素子）　64
  - 3.1.1 開放/短絡　64
  - 3.1.2 無反射終端　65
- 3.2 2端子素子（2開口素子）　66
  - 3.2.1 短絡・開放スタブ，ラジアルスタブ　66
  - 3.2.2 インピーダンス変換　67
  - 3.2.3 ベンド　68
  - 3.2.4 スルーホール層間接続回路　69
  - 3.2.5 フィルタ，DCカット　69
  - 3.2.6 アイソレータ　71
- 3.3 2分岐・切り替えスイッチ（3開口素子）　71
  - 3.3.1 2分岐回路　71
  - 3.3.2 SPDT（single-pole, double-throw），移相器，SP3T　75
- 3.4 4開口素子　77
  - 3.4.1 ブランチラインハイブリッドカップラ　77
  - 3.4.2 導波管方向性結合器　78
  - 3.4.3 ラットレースハイブリッドカップラ　79
  - 3.4.4 マジックティー　80
- 3.5 モード変換素子　81

3.5.1 バラン 81
3.5.2 マイクロストリップ線路-コプレナ線路変換 82
3.5.3 同軸-導波管変換 82
3.5.4 マイクロストリップ線路-導波管変換 83

4 共振器 〔藤森和博〕85
4.1 共振回路の性質 85
4.2 共振回路のQ値 87
4.3 分布定数線路共振器 92
4.4 空洞共振器 94
4.5 マイクロ波フィルタ 97
4.6 周期構造伝送線路 107

5 マイクロ波回路の実際 〔藤森和博〕110
5.1 マイクロ波集積回路 110
  5.1.1 半導体デバイス 110
  5.1.2 増幅器 112
  5.1.3 発振器 116
  5.1.4 ミキサ 118
5.2 大電力回路 120
  5.2.1 進行波管の原理 120
  5.2.2 マグネトロン 121
5.3 非可逆素子 122
  5.3.1 フェライトの特性 122
  5.3.2 アイソレータ 126
  5.3.3 サーキュレータ 129

付録1 数学公式 132
付録2 演習問題略解 133
索引 137

電波工学基礎シリーズ

1　電磁波工学
　　1　電磁気学　/　2　平面波　/　3　アンテナの基本特性　/
　　4　アンテナ　/　5　電磁界解析手法

2　電波伝搬
　　1　電波伝搬の基礎　/　2　電離層伝搬　/　3　対流圏伝搬　/
　　4　移動伝搬　/　5　伝搬関連の技術

主な回路記号（新旧対応表）

	新記号	旧記号
抵抗	─□─ R	─/\/\/─ R
コイル	─∩∩∩─ L	─ωωωω─ L

本書中の数学表記

- ベクトル・スカラー
  — $\boldsymbol{A}, \boldsymbol{B}, \cdots, \boldsymbol{x}, \boldsymbol{y}, \cdots$（ベクトル）
  — $A, B, \cdots, x, y, \cdots$（スカラー）
- 対数関数
  — $\log x := \log_{10} x$（常用対数）
  — $\ln x := \log_{e} x$（自然対数）
- 複素数
  — $j^2 = -1$（虚数単位）
  — x, y を実数とすると，$z = x + jy$ のとき，$z^* = x - jy$（複素共役）

1 波動伝送工学とその基礎事項

本章では電波の周波数または波長による分類について述べた後,一般に**マイクロ波**と呼ばれる比較的周波数の高い電波の送受信回路や,アンテナの信号伝送の基本となる分布定数線路について概説する.さらに分布定数線路を用いたインピーダンス変換と,インピーダンス整合回路について解説する.

1.1 波動伝送工学(序論)

1.1.1 電波の周波数帯の分類と「マイクロ波」

電磁波のうち 3 THz 以下の周波数のものが「電波」と呼ばれ,3 THz を超えるものは「光」という.電波は周波数帯によって伝わり方(電波伝搬)などの特徴が異なり,一般に表 1.1 に示す周波数帯の名称で分類されている.「マイクロ波」とは元来「波長の短い電波」という意味であり厳密な周波数範囲は定義されていないが,少なくとも UHF と SHF はマイクロ波と呼ばれている.これにミリ波以上の周波数帯も含める場合もあれば,VHF も含めたニュアンスで呼ばれることもある.

電波は光よりも波長の長い電磁波なので,波長が短い,つまり周波数が高くなるほど光の性質に近づく.またアンテナの大きさがおおよそ波長に比例するため,アンテナが小型になることや,広い周波数帯域幅を確保しやすいため高速大容量伝送に適する利点がある.逆に周波数が低いと回折しやすくなるため,障害物の陰にも電波が回り込みやすくなる.いわゆる「プラチナバンド」は,携帯電話が割り当てられている多くの周波数帯のうちで最も低い 800 MHz 前後の周波数帯を指す.詳細は電波伝搬の専門書に譲るが,こうした周波数の高低による特徴に基づき,電波は表 1.1 に例示した用途に使い分けられている.同表からもわかるように,今日の情報通信で重要な無線・放送システムの多くが,UHF および SHF 帯,すなわちマイクロ波帯を用いている.なお,同表に記載した以外にも,UHF,VHF,HF,……に対しそれぞれ「デシメートル波」,「メートル波」,「デカメートル波」などの呼称もあるが,

表 1.1 電波の周波数帯と主な用途

周波数 [Hz]	英略語	日本語名	主な用途
3～30 k	VLF	超長波	標準電波，対潜水艦通信
30 k～300 k	LF (LW)	長波	標準電波（電波時計），航法援助無線，無線標定（航空，船舶），船舶無線
300 k～3 M	MF (MW)	中波	AM ラジオ，船舶無線，無線標識（NDB）
3 M～30 M	HF (SW)	短波	アマチュア無線*，放送，航空/船舶無線**，電波天文*
30 M～300 M	VHF	超短波	FM ラジオ，警察/消防/航空無線，船舶無線（国際 VHF），航法援助無線（VOR, ILS）
300 M～3 G	UHF	↑極超短波 ｜ ｜マイクロ波 ↓	テレビ放送，4-5 G 携帯電話，無線 LAN，Bluetooth，ZigBee，LPWA***，コードレス電話，電子レンジ，航法衛星（GPS），航法援助無線（TACAN）
3 G～30 G	SHF		5 G 携帯電話，無線 LAN，ETC，TransferJet，BS, CS，衛星通信，レーダー，電波天文*
30 G～300 G	EHF または mmW	ミリ波	衛星通信，車載レーダー，ミリ波無線 LAN（IEEE802.11ad）
300 G～3 T	sub-mmW	サブミリ波	イメージング，非破壊検査

V: very, L: low, H: high, U: ultra, S: super, E: extremely, SW: short wave, MF: medium frequency
* アマチュア無線，電波天文は HF 以外の周波数帯にも多くの割り当てあり
** 衛星通信普及で利用は減少
*** low power wireless access．センサなど IoT 端末を収容する無線アクセスシステム

あまり用いられていない．

1.1.2 様々な伝送線路

マイクロ波などの送受信波をはじめとする高周波電気信号を伝送するための，ケーブルや回路基板上の配線パターンは**伝送線路**と呼ばれる．図 1.1 に代表的な伝送線路を示す．伝送線路は基本的に平行に置かれた 2 本の導体（電線，金属の箔または管）と，両導体間および周囲を覆う絶縁体（真空や空気などの気体を含む）から構成され，**平衡線路**と**不平衡線路**に大別される．平衡線路は 2 本の導体が同一形状で対称に配置されたもので，図 1.1 では (a), (d) が平衡線路である．平衡線路では信号をグランド（接地，アース）に対して互いに異符号（正負）の電位（電圧）で伝送する（図 1.2 (a)）．これに対し不平衡線路は，一方の導体が零電位のグランドとして伝送するもので（図 1.2 (b)），通常は幅や断面形状の大きい側の導体をグランド側（地導体）とする．

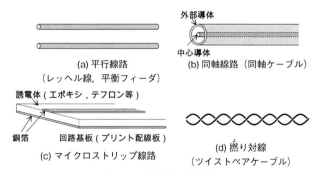

図 1.1　代表的な伝送線路

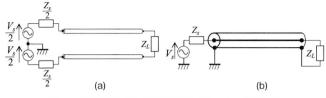

図 1.2　平衡線路 (a) と不平衡線路 (b) による信号伝送

図 1.1 では (b), (c) は不平衡線路である．各種伝送線路の詳細は 2 章で述べる．

　なお，電子機器の「グランド」は回路構成・設計上の基準電位（零電位）の導体・配線を意味し，必ずしも大地（earth）にアース線などで接続されているとは限らない．通常のグランド配線は広いものあるいは太いものを用い，機器のケースやシャーシが金属であればそれをグランドとする．静電または電磁的に回路の一部を金属で覆い遮蔽する場合は，その金属をグランドに接続する．ただしグランドの配線は多くの留意点があり，経験とノウハウも必要である．詳細は（伊藤，1972）などの専門書を参照されたい．

　なお，こうした 2 本の導体による「二導体系」の伝送線路の他に，金属の管内や 2 枚の平板間または棒状の誘電体の中を電磁波が伝搬する導波路（導波管や光ファイバなど）も伝送線路と呼ばれることがあるが，これらについても 2 章で詳しく述べる．

1.2 分布定数線路

1.2.1 配線導体上に分布するLとC

マイクロ波などの高周波信号やデジタル回路の矩形パルスなど，高い周波数成分を豊富に含んだ信号波形を伝送する回路配線は，分布定数回路として解析・設計する必要がある．例えば，図 1.3 (a) のような単なる配線であっても，出力端の波形が入力端と異なってしまう「線形歪み」が生じる．正弦波信号であればこうした波形歪みは生じないが，振幅や位相が周波数により変化する．その理由は，配線に電流が流れれば回路を鎖交する磁界 H が生じて配線が自己インダクタンスを持ち，導体間に電圧がかかれば電界 E が生じて線間に静電容量を持つからである．このようにインダクタンスや静電容量が，図 1.3 (b) のように配線全体にわたって分布している回路，すなわち**分布定数回路**だと考えれば，配線の入出力で電圧や電流が異なる説明がつくのである．伝送線路は，分布定数回路として扱うべき**分布定数線路**である．

線路の単位長さ当たりのインダクタンスと容量をそれぞれ L [H/m]，C [F/m] とおく．また，導体の単位長さ当たりの電気抵抗（両導体合計）と導

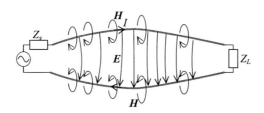

(a) 配線に生じる電界 (E) と磁界 (H)

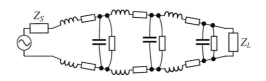

(b) 配線上に分布するインダクタンス，容量，抵抗成分

図 1.3　配線に生じる電磁界と分布定数回路

体間のコンダクタンス（絶縁されているので極めて小さい）をそれぞれ R [Ω/m], G [S/m] とおくと，L, C, R, G は図 1.3 (b) のように配線上に分布して存在する．なお本書では，回路素子としてのインダクタ，キャパシタ，抵抗をそれぞれ，L, C, R（または G）と略記し，それらのインダクタンス，静電容量，抵抗値またはコンダクタンスをイタリック体でそれぞれ，L, C, R または G と表記する．R, G は電力を消費するので伝送損失を生じさせる．L, C の値は，例えば直径 1 mm 前後のビニル被覆導線で作った撚り対線（twisted pair cable）ではそれぞれ，数 μH/m，数百 pF/m 前後である．したがって 1 m 程度の配線を考えると，音声周波数程度以下の低周波に対しては十分無視できるが，高周波では無視できない．分布定数（L, C, R, G）は配線断面の面積・形状，導体間の間隔，抵抗率，誘電率，透磁率により決まる（2 章参照）ので，伝送線路のように断面形状が一定（いわゆる金太郎飴）の構造であれば定数となる．この場合以下の電信方程式により容易に解析できる．なお，厳密には R は表皮効果の，G は誘電正接の周波数依存などにより，広帯域では一定とはならない．

1.2.2 電信方程式

以下，信号波形は正弦波を仮定し，その周波数および角周波数をそれぞれ f [Hz], $\omega = 2\pi f$ [rad/s] とおく．また，特に断らない限り大文字の変数で表す電圧，電流，電界，磁界など（ベクトルを含む）は複素表示（フェーザ表示）であり，j は虚数単位である．

前項の議論から，伝送線路は一般に図 1.4 に示す等価回路となる．Δz は十分短い距離である．入力端から z [m] および $z+\Delta z$ [m] の地点に，キルヒホッフの電圧則と電流則を適用すると，以下の回路方程式が得られる．

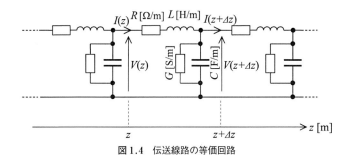

図 1.4　伝送線路の等価回路

$$V(z) = \Delta z(j\omega L + R)I(z) + V(z+\Delta z) \tag{1.1}$$

$$I(z) = \Delta z(j\omega C + G)V(z+\Delta z) + I(z+\Delta z) \tag{1.2}$$

これらに $\Delta z \to 0$ の極限をとると,

$$\frac{dV(z)}{dz} = -(j\omega L + R)I(z) \tag{1.3}$$

$$\frac{dI(z)}{dz} = -(j\omega C + G)V(z) \tag{1.4}$$

を得る.この連立微分方程式は**電信方程式**と呼ばれる.

1.2.3 伝搬定数と特性インピーダンス

式(1.3)と式(1.4)から I または V を消去するとそれぞれ V または I に関する2階の常微分方程式に帰着し,その一般解は以下で与えられる.

$$V(z) = V_i e^{-\gamma z} + V_r e^{\gamma z} \tag{1.5}$$

$$I(z) = \frac{V_i e^{-\gamma z} - V_r e^{\gamma z}}{Z_c} = I_i e^{-\gamma z} - I_r e^{\gamma z} \tag{1.6}$$

ただし $I_i = V_i/Z_c$, $I_r = V_r/Z_c$, $Z_c = \sqrt{(j\omega L + R)/(j\omega C + G)}$ で,Z_c を線路の**特性インピーダンス**, $\gamma = \sqrt{(j\omega L + R)(j\omega C + G)}$ を**伝搬定数**という.なお,$\pm \gamma$ は上記2階の微分方程式の特性方程式の解である.γ の実部と虚部をそれぞれ α, β とおく($\gamma = \alpha + j\beta$)とき,α [m^{-1}] を減衰定数,β [rad/m] を位相定数または波数という.V_i, V_r [V] は未定定数で,線路上の異なる2ヶ所の電流・電圧の関係(境界条件または終端条件)により決まる.例えば入力端($z=0$)の電圧 $V(0)$ と,別の位置 $z=l$ での $V(l)/I(l)$ の値(例えば出力端に接続される回路やアンテナのインピーダンス)など2つの条件が与えられれば,式(1.5),式(1.6)に代入して得られる V_i, V_r に関する連立方程式を解いて求められる.

ここで式(1.5)右辺第1項は,$e^{-\alpha z}(V_i e^{-j\beta z})$ と書ける.これは図1.5で,入力端($z=0$)側から出力端方向(z の正方向)へ単位長さ(1 m)進むごとに位相が β [rad] 遅れ,振幅が $e^{-\alpha}$ 倍に減衰する正弦波を意味している.同様に同第2項は逆方向,つまり出力端側から入力端方向(z の負方向)へ1 m戻るごとに位相が β [rad] 遅れ,振幅が $e^{-\alpha}$ 倍に減衰する正弦波を意味している.出力端側に信号源(電源)がなければ,左へ進む波は出力端での反射によるものと解釈できるから,左から右へ進む「入射波」と,逆方向へ進む「反射波」

が線路上に存在しうることを式(1.5)は示している．式(1.6)も同様だが，電流の正の向きを図の右向き（入射波の進む方向）にとっているため，第2項（反射波の電流）の符号が反転している点に注意されたい．なお線路が無損失とみなせる場合は$R=0$かつ$G=0$だから，$Z_c=\sqrt{L/C}$，$\gamma=j\omega\sqrt{LC}$，つまり$\alpha=0$，$\beta=\omega\sqrt{LC}$である．実際の線路では損失を0にすることはできない（$0<\alpha$）が，Z_c，βは上記の値が良好な近似を与える（演習問題1.1参照）．特に後述のインピーダンス整合やインピーダンス変換を設計するうえでは，無損失のZ_c，βは良好な近似を与えるので，以下本章では特に断らない限り無損失線路を仮定する．この場合式(1.5)，式(1.6)はそれぞれ以下のようになる．

$$V(z)=V_i e^{-j\beta z}+V_r e^{j\beta z} \tag{1.7}$$

$$I(z)=\frac{V_i e^{-j\beta z}-V_r e^{j\beta z}}{Z_c}=I_i e^{-j\beta z}-I_r e^{j\beta z} \tag{1.8}$$

なお，このときのβを伝搬定数と呼ぶこともある．

以上のように線路上の電圧，電流は波動として伝搬する．その波長をλ [m] とおくと，$\beta\lambda=2\pi$だから，無損失線路では

$$\lambda=\frac{2\pi}{\beta}=\frac{2\pi}{\omega\sqrt{LC}}=\frac{1}{f\sqrt{LC}} \tag{1.9}$$

となる．したがって波の伝搬速度v [m/s] は，

$$v=f\lambda=\frac{\omega}{2\pi}\frac{2\pi}{\beta}=\frac{1}{\sqrt{LC}} \tag{1.10}$$

で与えられる．vの値は一見，線路の断面形状によって変わるような印象を受ける．確かにLやCは断面形状により異なる値をとる．しかし，LC積は後述のように線路周囲の絶縁体の誘電率と透磁率で決まり，断面形状によらず一定となる．

1.2.4 波動方程式による空間の平面波

1.2.2項と1.2.3項では回路方程式としての電信方程式から伝送線路を解析した．本項ではマクスウェルの方程式，すなわち電磁界の波動方程式により解析する．

例えば同軸線路では，両端部を除けば図1.5のように，内部導体と外部導体の間（絶縁体，誘電体）に放射状の電界E [V/m] と同心円状の磁界H [A/m] が生じていると仮定できる．また，他の線路でもx-y平面に平行なE

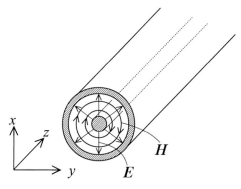

図1.5 同軸線路の電界と磁界

と H ができていると仮定できよう．このことは電界が導体表面に対し垂直になることや，ガウスの法則とアンペアの法則から静電磁界であれば明らかである．一方，無損失の絶縁体媒質中におけるマクスウェルの方程式は，

$$\nabla \times H = j\omega\varepsilon E \tag{1.11}$$

$$\nabla \times E = -j\omega\mu H \tag{1.12}$$

となる．これらは複素表示なので，$j\omega$ は時間微分演算子である．もし上記仮定でマクスウェルの方程式を矛盾なく満たす解が存在すれば，波の進行方向となる z 軸に E も H も垂直な電磁波，すなわち **TEM 波**（transverse electric magnetic wave）が同軸線路中を伝搬できることを意味する．以下，x, y, z 方向の単位ベクトルをそれぞれ $\hat{x}, \hat{y}, \hat{z}$ とし，$E = E_x\hat{x} + E_y\hat{y} + E_z\hat{z}$，$H = H_x\hat{x} + H_y\hat{y} + H_z\hat{z}$ とおくと，上記仮定により $E_z = 0$, $H_z = 0$ なので，式(1.11)，式(1.12)は以下のように書ける．

$$\frac{\partial}{\partial z}(\hat{z} \times H) = j\omega\varepsilon E \tag{1.13}$$

$$\frac{\partial}{\partial z}(\hat{z} \times E) = -j\omega\mu H \tag{1.14}$$

これらから H を消去すると，以下の波動方程式が導かれる．

$$\frac{\partial^2 E}{\partial z^2} + k^2 E = 0 \tag{1.15}$$

ここで $k = \omega\sqrt{\mu\varepsilon}$ であり，μ, ε はそれぞれ媒質，つまり導体間絶縁体の透磁率と誘電率である．この左辺第1項は位置座標（z）による2階微分である．一方同第2項の E の係数 $k^2 = -(j\omega)^2(\mu\varepsilon)$ の $j\omega$ は2階の時間微分を意味するか

ら，式(1.15)は電界に関する波動方程式である．k [rad/m] は「波数」と呼ばれる．次に $E=f(z)E_F(x,y)$ とおき，変数分離法でこの偏微分方程式を解く．式(1.15)に代入すると，以下の常微分方程式に帰着し，

$$\frac{d^2 f}{dz^2}+k^2 f=0 \tag{1.16}$$

その一般解は，次式となる．

$$f(z)=K_i e^{-jkz}+K_r e^{jkz} \tag{1.17}$$

K_i, K_r は z 軸に関する境界条件，例えば線路の入力端や出力端での条件で定まる定数である．したがって式(1.15)の解は

$$E=K_i e^{-jkz}E_F(x,y)+K_r e^{jkz}E_F(x,y) \tag{1.18}$$

となり，式(1.7)と同様に z 軸方向に伝搬する入射波と反射波が存在しうることがわかる．また，$\hat{z}$ と $E_F(x,y)$ が直交することに留意しつつ式(1.14)の左辺に式(1.18)を代入すると，

$$\frac{\partial}{\partial z}\{\hat{z}\times(K_i e^{-jkz}E_F(x,y)+K_r e^{jkz}E_F(x,y))\}$$
$$=\hat{z}\times(-jkK_i e^{-jkz}E_F(x,y)+jkK_r e^{jkz}E_F(x,y)) \tag{1.19}$$

これが式(1.14)の右辺に等しいので，$k=\omega\sqrt{\mu\varepsilon}$ を代入すると

$$\hat{z}\times(-j\omega\sqrt{\mu\varepsilon}K_i e^{-jkz}E_F(x,y)+j\omega\sqrt{\mu\varepsilon}K_r e^{jkz}E_F(x,y))=-j\omega\mu H \tag{1.20}$$

より，次式を得る．

$$H=\hat{z}\times\frac{1}{Z_w}(K_i e^{-jkz}E_F(x,y)-K_r e^{jkz}E_F(x,y)) \tag{1.21}$$

ここで $Z_w=\sqrt{\varepsilon/\mu}$ であり，「波動インピーダンス」あるいは「電波インピーダンス」と呼ばれる．また上式より H は E_F に直交するから，E と H は直交する．さらに式(1.18)，式(1.21)から，入射波および反射波の位相は z 軸の値のみで決まり x, y に無関係だから，この解が与える波動は平面波であることが理解できる．その波長は $k\lambda=2\pi$ より，

$$\lambda=\frac{2\pi}{k}=\frac{1}{f\sqrt{\mu\varepsilon}} \tag{1.22}$$

で，伝搬速度は

$$v=f\lambda=\frac{1}{\sqrt{\mu\varepsilon}}=\frac{1}{\sqrt{\mu_r\varepsilon_r}}c \tag{1.23}$$

となる．ここで $c=1/\sqrt{\mu_0\varepsilon_0}$ [m/s] は真空中の光速，μ_0, ε_0 はそれぞれ真空の

透磁率 [H/m] および誘電率 [F/m]，μ_r, ε_r はそれぞれ媒質の比透磁率と比誘電率である．樹脂などの一般的な絶縁体では $\mu_r \approx 1, \varepsilon_r > 1$ なので，波の伝搬速度は一般に真空中より遅い．また真空中の波長（自由空間波長）を $\lambda_0 = c/f$ とおくと，

$$\lambda = \frac{\lambda_0}{\sqrt{\mu_r \varepsilon_r}} \quad (1.24)$$

となる．$1/\sqrt{\mu_r \varepsilon_r}$ は伝送線路の**波長短縮率**と呼ばれる．なお，空気の比透磁率と比誘電率はほぼ1で，樹脂などを用いない中空の線路の波長短縮率は1に近似できる．ただし誘電率は，厳密には温度・密度に依存し変化するため，大気中の電磁波の屈折（ラジオダクト伝搬や蜃気楼現象）を議論する場合には考慮する必要がある．

ところで式(1.7)は伝送線路上の電圧の波動を，式(1.18)は同線路上の電界の波動を示している．電界 $E(x, y, z)$ は両導体間の電圧 $V(z)$ に比例するから，両者の波形は入射波，反射波ともに同位相で，伝搬速度も波長も等しい．磁界 $H(x, y, z)$ と電流 $I(z)$ も同様なので，式(1.7)と式(1.18)，式(1.8)と式(1.19)，式(1.9)と式(1.22)などから以下の関係を得る．

$$\arg(K_i) = \arg(V_i), \quad \frac{K_r}{K_i} = \frac{V_r}{V_i}, \quad k = \beta = \omega\sqrt{\mu\varepsilon} = \omega\sqrt{LC} \quad (1.25)$$

したがって $LC = \mu\varepsilon > 0$ であり，LC 積は伝送線路の断面形状によらず一定である．また以上の議論では，1) $E_z = 0, H_z = 0$，2) 線路は直線状，3) x-y 平面の断面形状は z によらず一定との仮定をしたが，導出過程において線路の具体的な断面形状は用いていない．したがって，以上の議論はどの断面形状の伝送線路でも成り立つ．なお，断面の電界分布 $E_F(x, y)$ と磁界分布 $H_F(x, y) = \hat{z} \times (1/Z_w) E_F(x, y)$ は断面形状，つまり x, y 平面の境界条件によって決まる．また実際のケーブルなどでは曲げて配線することも多く，上記 2) の仮定が成り立っていない．その場合，厳密には Z_c が曲げ部分で変化するため反射波が生じるが，曲率半径が λ より十分大きければその影響は無視して良い．なお高周波用同軸ケーブルでは，同半径と Z_c の変化に起因する VSWR（後述）の増加との関係が，仕様として明示されていることが多い．また，プリント配線板上に形成するマイクロストリップラインでは，線路を直角に曲げる「ベンド」（bend）を形成することも多いが，線路幅が波長に比べて十分小さければ外側の角を面取りする程度の対策で，ベンドによる反射は抑えられ

る.

　なお,以上の議論は分布定数線路上(線路間)を TEM 波が伝搬できることと,その特性を示したのであって,TEM ではない電磁波が伝搬することを否定していない.つまり $E=f(z)E_F(x,y)$ の形とは異なる解が存在し,TEM でない波が伝搬できる可能性がある.詳細な原理は本書の範囲を外れるので省略するが,波長 λ が導体間距離より十分大きければ TEM 波のみが伝搬すると考えて良い.一方 λ が導体間距離と同じオーダー,例えば直径 10 mm 程度以上の同軸ケーブルであれば,ミリ波以上の高周波で TEM 波以外の伝搬 (TE 波 (transverse electric wave),TM 波 (transverse magnetic wave),およびそれらの高次モード) が生じる.その場合は分布定数による等価回路モデルは成り立たない.しかし同軸や平衡線路のケーブルなど,TEM 波による伝送線路は,そのような高周波数では損失が大きくなるため通常は用いられず,後述の導波管が用いられる.ただしストリップ線路やコプレナ線路は,回路基板上や集積回路の半導体基板上の信号伝送線路として,ミリ波帯以上でもよく用いられる.この場合,導体間距離を $\lambda/4$ 以下に設計することにより TEM 以外のモードの伝搬が生じないようにしている (杉浦, 1976).

1.3　伝送線路内部の定在波分布

1.3.1　負荷インピーダンスと反射係数の関係

　図 1.6 のように,特性インピーダンス Z_c [Ω] の伝送線路の出力端にインピーダンス Z_L [Ω] (受信回路,素子,またはアンテナなど) を接続したときを考える.このように伝送線路の一端に回路(素子)やアンテナなどの負荷を接続することを「○○で終端 (terminate) する」という.なお,z 座標の原点

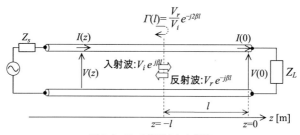

図 1.6　Z_L で終端された線路

は線路上のどこにとっても，1.2節の式(1.1)～式(1.8)は成立し一般性を失わないので，以下出力端を$z=0$にとる．

式(1.7)，式(1.8)に関し出力端では$V(0)/I(0)=Z_L$だから，$z=0$を代入して辺々除算すると次式を得る．

$$Z_L = \frac{V_i+V_r}{V_i-V_r} Z_c \tag{1.26}$$

ここで，$\Gamma_0 = V_r/V_i$とおくと

$$\frac{Z_L}{Z_c} = \frac{1+\Gamma_0}{1-\Gamma_0}, \quad \Gamma_0 = \frac{Z_L/Z_c - 1}{Z_L/Z_c + 1} \tag{1.27}$$

である．このΓ_0を**電圧反射係数**，または単に**反射係数**という．その定義は，出力端における入射波から反射波への伝達関数である．したがって$z=0$を別の位置にとり出力端の座標が$z=b$の場合には$V_r e^{j\beta b}/(V_i e^{-j\beta b})$となるが，式(1.27)の2つの式は$b$によらず同じである（演習問題1.1）．

1.3.2 反射係数と整合

以上で述べたように伝送線路で信号を伝送する場合，信号は波動として伝わる．このとき出力端で反射があると，入射波電力の一部が出力端で反射されて送信回路に戻されることになる．したがって多くの場合，受信回路や送信アンテナに届く信号電力が低下するため，通常は$\Gamma_0=0$，すなわち$Z_L=Z_c$とした反射が起きない設計が望ましい．反射が起きない状態を「伝送線路と終端負荷（回路素子，受信回路，送信アンテナなど）が**整合**している」という．その場合$V_r=0$だから，式(1.7)，式(1.8)に代入して辺々除算すると，

$$\frac{V(z)}{I(z)} = Z_c = Z_L \tag{1.28}$$

が成り立つ．つまり伝送線路と終端負荷が整合していれば，線路上のどの位置でも，つまり任意の線路長で，終端負荷のインピーダンスZ_Lと等しいインピーダンスとなっている．上記整合条件では$V(z)=V_i e^{-j\beta z}=V(0)e^{-j\omega\sqrt{LC}z}$かつ$I(z)=I_i e^{-j\beta z}=I(0)e^{-j\omega\sqrt{LC}z}$だから，入出力端間の周波数特性は平坦（位相特性は直線）であり，出力波形は入力波形に対し，単に$\sqrt{LC}z$ [s]だけ遅延するという関係になる．このため通信ケーブルやアンテナの給電線では，整合をとることが重要である．

なお，インピーダンス変換や共振などの目的で$|\Gamma_0|=1$または$|\Gamma_0|\neq 0$とした

線路を用いることもある．詳細は 1.4 節で述べる．

1.3.3　参照面の変更によるインピーダンスと反射係数

ここでは任意の Γ_0, すなわち伝送線路と終端負荷とが整合していない場合も含めて線路上の任意の位置におけるインピーダンス $V(z)/I(z)$ について考える．出力端に z 軸の原点をとり，式(1.7), 式(1.8)に $V_r = \Gamma_0 V_i$ を代入して辺々除算すると，

$$\frac{V(z)}{I(z)} = \frac{e^{-j\beta z} + \Gamma_0 e^{j\beta z}}{e^{-j\beta z} - \Gamma_0 e^{j\beta z}} Z_c = \frac{1 + \Gamma_0 e^{j2\beta z}}{1 - \Gamma_0 e^{j2\beta z}} Z_c \tag{1.29}$$

を得る．l [m] を線路長とし，入力端のインピーダンスを $V(-l)/I(-l) = Z_{\text{in}}(l)$ [Ω] とおくと，

$$Z_{\text{in}}(l) = \frac{1 + \Gamma_0 e^{-j2\beta l}}{1 - \Gamma_0 e^{-j2\beta l}} Z_c \tag{1.30}$$

となる．$\beta = 2\pi/\lambda$ より，$Z_{\text{in}}(l)$ は周期 $\lambda/2$ の周期関数である．また，$z = -l$ における入射波に対する反射波の比を $\Gamma(l) = V_r e^{-j\beta l}/(V_i e^{j\beta l})$ とおくと，$\Gamma(l)$ は実際の出力端よりも l [m] 手前（$z = -l$）に仮定した仮想反射点の反射係数であり，

$$\Gamma(l) = \Gamma_0 e^{-j2\beta l} \tag{1.31}$$

である．式(1.30)に式(1.27)の関係を代入すると，

$$Z_{\text{in}}(l) = \frac{Z_L + jZ_c \tan \beta l}{Z_c + jZ_L \tan \beta l} Z_c \tag{1.32}$$

を得る．つまり長さ l の伝送線路により，負荷インピーダンス Z_L が上式のようにインピーダンス変換できる．なお，線路の損失を考慮する場合は式(1.29), 式(1.30)の $j\beta$ が γ となるので，$Z_{\text{in}}(l)$ は次のようになる．

$$Z_{\text{in}}(l) = \frac{Z_L + Z_c \tanh \gamma l}{Z_c + Z_L \tanh \gamma l} Z_c \tag{1.33}$$

1.3.4　入射波と反射波による定在波の発生

ここでは線路上の電圧分布を考える．線路上の電圧は，入射波すなわち式(1.7)右辺第 1 項と，反射波すなわち同第 2 項の和であり，z によりそれぞれの位相が遅れまたは進む．したがって線路上の電圧実効値 $|V(z)|$ は，入射波と反射波が同位相の時に最大（両者の実効値の和）となり，逆位相（位相差

π）の時に最小（入射波実効値—反射波実効値）となることは明らかである．この最大値と最小値の比を**電圧定在波比**（**VSWR**：voltage standing wave ratio）という．反射波の実効値は入射波のそれに対し$|\varGamma_0|$倍になるので，VSWRをρとおけば，

$$\rho = \frac{1+|\varGamma_0|}{1-|\varGamma_0|} = \frac{1+|\varGamma(l)|}{1-|\varGamma(l)|} \tag{1.34}$$

となることは容易に理解できるであろう．なお，Z_Lが実数（純抵抗）R_Lの場合は式(1.27)と式(1.34)より次式となる．

$$\rho = \begin{cases} \dfrac{R_L}{Z_c} & (Z_c < R_L \text{ のとき}) \\ \dfrac{Z_c}{R_L} & (R_L < Z_c \text{ のとき}) \end{cases} \tag{1.35}$$

さて，式(1.7)および式(1.29)の分子から線路上の電圧実効値を求めると，出力端の反射係数の位相角を$\arg \varGamma_0 = \varphi_0$とおいて，

$$\begin{aligned}|V(z)| &= |V_i||e^{-j\beta z} + \varGamma_0 e^{j\beta z}| = |V_i||1 + |\varGamma_0|e^{j(2\beta z+\varphi_0)}| \\ &= |V_i|\sqrt{(1+|\varGamma_0|)^2 - 2|\varGamma_0|(1-\cos(2\beta z + \varphi_0))}\end{aligned} \tag{1.36}$$

となる．$\beta = 2\pi/\lambda$だから，$|\varGamma_0| \neq 0$ならば線路上の電圧$|V(z)|$はzの値により周期$\lambda/2$で波を打つ．ただし$|V(z)|$は時不変である．この状態が生じることを「線路上に定在波が立つ」という．

かつて高周波信号の周波数を直接計測する技術がなかった時代にも，信号の振幅は比較的容易に測ることができた．そこで平行線路を意図的に$|\varGamma_0| \approx 1$となるよう短絡または開放終端して定在波を立たせ，$|V(z)|$の周期から送信波の波長を測定することが行われた．平行線路はレッヘル線とも呼ばれたので，これを「レッヘル線波長計」といった．当時の電波は周波数ではなくもっぱら「波長」により表示されており，表1.1の電波の周波数帯名称が波長の区切りの良い数値で区分されているのはこのためである．つまり，正弦波信号の周波数は物差しや巻き尺で測ることもできるのである．

1.3.5 供給電力最大の法則と定在波と整合

送信回路や発振器等の信号源（電源）および信号源インピーダンスZ_Sが与えられ，同信号源に負荷（回路素子や次段の入力回路など）を直接接続する場合，負荷の消費電力，つまり負荷への伝送電力を最大化する負荷インピーダン

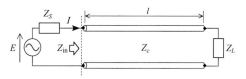

図 1.7 伝送線路を介した信号伝送とインピーダンス

ス Z_L は，$Z_L = Z_S^*$ である（* は複素共役を表す）．これは「供給電力最大の法則」と呼ばれ，電気回路の教科書で学ぶことである．また，上記電力最大化の条件が成立していることを「共役整合」または単に「整合がとれている」という．では両者を直接ではなく，特性インピーダンス Z_c の伝送線路で接続する場合はどうなるだろうか．

まず図 1.7 の破線で示したように，長さ l の線路の入力端で回路を切った場合を考える．破線部分から見込んだ負荷側のインピーダンスは式 (1.32) で求められるから，破線部分の左右に対し供給電力最大の法則を適用すると，伝送電力最大条件は以下のようになる．

$$Z_S^* = Z_{in}, \quad Z_{in} = \frac{Z_L + jZ_c \tan \beta l}{Z_c + jZ_L \tan \beta l} Z_c \qquad (1.37)$$

なお $\beta = \omega/c$ だから，この条件は線路長にも周波数にも依存する．ただし $Z_c = Z_L$ のときは，Z_c が実数であることに注意すると Z_S も実数となるから，

$$Z_S = Z_c = Z_L \qquad (1.38)$$

となって，線路長にも周波数にも無関係な条件式となる．ただし Z_S や Z_L は，周波数依存性がある場合が多い点に注意を要する．

トランジスタなどの能動素子の入出力インピーダンスは，一般に Z_c とは異なる．また，ある種のフィルタやアンテナの形式によっても，インピーダンスが Z_c と異なることがある．利得の最大化や損失の最小化のためには，上記のようにインピーダンス整合をとるのが原則である．したがって通常は式 (1.38) をできるだけ満たすよう，回路やアンテナの入出力インピーダンスを設計するのが良い．なお，「できるだけ」という意味は，増幅回路などでは動作の安定性や雑音指数の最適化のために，あえてインピーダンスを整合状態から多少ずらす設計を行う場合があることや，回路素子の定数や線路の寸法および誘電率には誤差（ばらつき）があるため，設計通りに回路を製作しても多少は整合がずれてしまうことである．

整合の良し悪しの指標として用いられるのが VSWR と **リターンロス**（return loss）である．整合がとれていれば定在波は立たないので VSWR は $\rho=1$ となり，不整合で $1<\rho$ となる．リターンロスは入射波に対して反射波がどれだけ弱まったかを示す量なので，反射係数の大きさから求められる．通常は正の値の dB で表示し，

$$L_r = -20 \log |\varGamma_0| \ [\mathrm{dB}] \tag{1.39}$$

で与えられる．

1.4　整合回路の設計

　前節では2つの回路ブロックの入出力を接続する場合，前段の信号源インピーダンス Z_S，負荷インピーダンス（次段が回路なら，その入力インピーダンス）Z_L，伝送線路の特性インピーダンス Z_c の3者をできるだけ整合させ，式(1.38)を満たすように設計するのが望ましいことを述べた．Z_S や Z_L は Z_c とは異なることも多いので，整合をとるためには，Z_S または Z_L を Z_c にインピーダンスを変換する必要がある．このインピーダンス変換回路を**整合回路**という．本節では整合回路の設計や評価の基礎となる S 行列を説明した後，具体的な回路について述べる．

1.4.1　散乱行列

　一般に増幅器やフィルタなどの回路網（回路ブロック）やアンテナには，図1.8に示すように入力または出力があり，それら入出力信号の回路を形成する2個の端子（terminal）からなる端子対（port：ポート）を少なくとも1つ持っている．例えばフィルタや増幅器であれば入力ポートと出力ポート各1つで2ポートを持ち，2つの入力と1つの出力を持つミキサ回路などでは計3ポートを持つ．伝送線路も，入力端と出力端をポートとする2ポート回路とみるこ

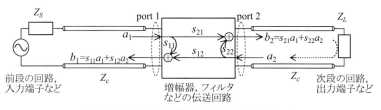

図1.8　伝送線路で接続された回路と S パラメータ

とができる．

　ある回路ブロックのポート数を N とおくと，各ポートの信号電圧・電流の関係は一般に，$N \times N$ の行列で表される．電気回路や電子回路の教科書では，第 n ポートの電圧 V_n と電流 I_n をベクトル $\boldsymbol{V}=(V_1 V_2 \cdots V_N)^T$，$\boldsymbol{I}=(I_1 I_2 \cdots I_N)^T$ にそれぞれまとめ，$\boldsymbol{V}$ と $\boldsymbol{I}$ の関係を $\boldsymbol{V}=\boldsymbol{ZI}$ または $\boldsymbol{I}=\boldsymbol{YV}$ の形で表す「インピーダンス行列」または「アドミタンス行列」を学習する．それらの行列の各要素は「Z パラメータ」または「Y パラメータ」と呼ばれる．今日多くの情報通信機器で用いられている CMOS 集積回路の能動素子である FET（field effect transistor：電界効果トランジスタ）の回路では，Y パラメータで小信号特性を表示することも多い．

　しかしマイクロ波帯などの高周波回路では，回路の入出力電圧や電流をオシロスコープなどで直接かつ正確に計測することが難しく，こうしたポートの電圧や電流を変数とする行列表示は使いにくい．また入出力ポートは同軸ケーブルやストリップ線路といった伝送線路により接続されることが多い（図1.8）．そこで電圧・電流に代えて，入射波・反射波を変数とする行列表示「**散乱行列**」（scattering matrix：**S 行列**）が考案され，マイクロ波帯以上の高周波回路（アンテナを含む）の設計や測定で一般に用いられている．S 行列の各要素は「**S パラメータ**」と呼ばれる．式(1.7)，式(1.8)から明らかなように，伝送線路が接続された任意のポートの位置を $z=0$ にとると，同ポートの電圧，電流（V, I）と，そのポートへの入射波電圧，反射波電圧（V_i, V_r）の関係は以下の式(1.41)に示す一次変換になることが示される．両者は，線路の特性インピーダンス Z_c と周波数が既知であれば互いに変換できるので，S 行列も Y 行列や Z 行列に変換可能である．同ポートにおける入射波電圧と同電流の関係は $V_i=Z_c I_i$，$V_r=Z_c I_r$ なので $Y_c=1/Z_c$ とおくと，$\sqrt{Y_c}V_i=\sqrt{Z_c}I_i=a\,[\sqrt{\mathrm{W}}]$，$\sqrt{Y_c}V_r=\sqrt{Z_c}I_r=b\,[\sqrt{\mathrm{W}}]$ とおくことができる．a, b はそれぞれ「規格化された入射波」，「規格化された反射波」と呼ばれる．その物理的意味は，$|a|$ が入射波電力の平方根，$\arg a$ が入射波電圧および電流の位相で，反射波についても同様であることが上記定義式から理解できよう．または a, b はそれぞれ，$Z_c=1\,[\Omega]$ の時の入射波，反射波の電圧である．以上より次の関係が成り立つ．

$$V = V_i + V_r = \sqrt{Z_c}(a+b) \qquad (1.40)$$

$$I = I_i - I_r = \sqrt{Y_c}(a-b) \qquad (1.41)$$

以下本節ではSパラメータを議論する際に「規格化された」を略し,「入射波」「反射波」と表記する.図1.8に示すような多ポート回路網において,ポートnにおける入射波と反射波をそれぞれa_n, b_n, $\boldsymbol{a}=(a_1\ a_2\cdots a_N)^T$, $\boldsymbol{b}=(b_1\ b_2\cdots b_N)^T$とおくと,各ポート間の入射波と反射波の関係は$N\times N$の散乱行列$S$を用いて以下の式で書ける.

$$\boldsymbol{b}=S\boldsymbol{a} \tag{1.42}$$

Sのi行j列要素をs_{ij}とおくと$b_i\sum_{j=1}^{N}=s_{ij}a_j$だから,$s_{ii}$はポート$i$の反射係数であり,$s_{ij}$は「ポート$j$の入射波からポート$i$の反射波への伝達係数」である.例えば図1.8の「ポート2の反射波」とは,同ポートから次の回路・出力端子・送信アンテナなどへ出力される信号である.あるいは,ポートiが回路網の出力側,ポートjが同入力側であれば,s_{ij}は両ポートをZ_cで終端したとき,つまり入力の信号源インピーダンスと出力に接続された負荷インピーダンスがともにZ_cの時の伝達関数(一般に周波数の関数になる)で,$|s_{ij}|$はその時の電圧利得(真値)である.ただし多くの増幅回路がそうであるように,トランジスタなどの能動素子自体の入出力インピーダンスは一般にZ_cとは異なるため,以下に述べる整合回路を入出力に設けることが多い.この場合は整合回路を含めた全体のSパラメータにより,伝達関数や利得が求められる.

ところでSパラメータは上記のようにZ_cに依存して決まる値なので,標準的なZ_cの値でSパラメータを規定し測定すると便利である.この「Sパラメータを規定しているZ_c」を**基準インピーダンス**と呼ぶ.Sパラメータの測定器であるネットワークアナライザや各種高周波計測器の入出力インピーダンス,高周波用同軸ケーブルなどの伝送線路の特性インピーダンスは50Ωが標準的(テレビジョン関係など一部に75Ωのものもある)なので,基準インピーダンスは50Ωで規定するのが一般的である.なお一部のフィルタなど,入出力インピーダンスが50Ωと異なるものの測定を行う場合でも,50Ω系のネットワークアナライザで計測できる.それはYパラメータなどと同様に変換式があり,計測器内のソフトウェアで換算して表示できるからである.ただし誤差も換算式で変換されるため,条件によっては誤差が大きくなるので注意が必要である.

1.4.2　インピーダンス変換(半波長,1/4波長変成器,スタブ)

伝送線路の入力端から見込んだインピーダンス$Z_{\mathrm{in}}(l)$の式(1.32)または式

(1.33)は，伝送線路により負荷インピーダンス Z_L が $Z_{in}(l)$ に変換されることを意味している．つまり，線路長 l と特性インピーダンス Z_c を適切に設計することで，インピーダンス変換回路が実現できる．特に線路長が $\lambda/2$ や $\lambda/4$ などの場合には，式(1.32)は以下のように簡単な関係式になる（n は任意の整数）．

$$l = \frac{n\lambda}{2} \quad \text{のとき：} \quad Z_{in} = Z_L \quad (1.43)$$

$$l = \frac{\lambda}{4} + \frac{n\lambda}{2} \quad \text{のとき：} \quad Z_{in} = \frac{Z_c^2}{Z_L} \quad (1.44)$$

したがって $l = \lambda/4 + n\lambda/2$ となる周波数に対しては Z_L の逆数に比例したインピーダンス変換となり，式(1.44)より $Z_c = \sqrt{Z_{in}Z_L}$ となるよう伝送線路を設計すれば良い．これを **1/4 波長変成器（$\lambda/4$ 変成器）** と呼ぶ．一方，$l = n\lambda/2$ となる周波数に対しては Z_c によらずインピーダンス変換されない．

次に，$Z_L = 0$（短絡終端）または $Z_L = \infty$（開放終端）の時を考えると，それぞれ式(1.32)に代入して，

$$Z_{in}(l) = jZ_c \tan \frac{2\pi l}{\lambda} \quad (Z_L = 0) \quad (1.45)$$

$$Z_{in}(l) = -jZ_c \cot \frac{2\pi l}{\lambda} \quad (Z_L = \infty) \quad (1.46)$$

となり，純虚数となる．つまり集中定数の L や C と同じくリアクタンス回路となり，線路長 l によって任意のリアクタンス値を実現できる．このように短絡または開放終端した伝送線路により実現されるリアクタンス回路を**スタブ** (stub) といい，それぞれ「オープンスタブ（開放スタブ）」，「ショートスタブ（短絡スタブ）」と呼ぶ．スタブはインピーダンス変換やフィルタの目的で，本来の伝送線路から並列に分岐させて用いる．詳細は 1.4.7 項で述べる．通常，l は短いに越したことはないので，正の（誘導性，L 性）リアクタンスにはショートスタブを，負の（容量性，C 性）リアクタンスにはオープンスタブが有利である．なお，オープンスタブは一般に，式(1.46)の l よりも短い長さになる．これは線路の終端部に何も接続していなくても線路の端部外側に電界が広がるため，小容量のキャパシタで終端されているのと等価になるからである．「小容量」といっても周波数の高いマイクロ波帯では無視できないことが多い．線路長が $l < \lambda/8$ 程度に短い時，この小さな容量 C_s によるリアクタンスを $X_s = -1/(\omega C_s)$ とおくと $Z_c \tan 2\pi l/\lambda \ll -X_s$ だから，式(1.32)に代入して

$$Z_{\text{in}}(l) = \frac{jX_s + jZ_c \tan 2\pi l/\lambda}{Z_c - X_s \tan 2\pi l/\lambda} Z_c \approx \frac{-jX_s}{X_s \tan 2\pi l/\lambda - Z_c} Z_c = \frac{-jZ_c}{\tan 2\pi l/\lambda - Z_c/X_s} \tag{1.47}$$

を得る．これを式(1.46)と比べると分母が $-Z_c/X_s$ だけ大きい．つまり理想的な開放終端の場合よりも，l はその分だけ短い寸法で同じだけの容量性リアクタンスが実現できる．このことは，終端部の容量により「線路が電気的に長くなった」と見ることもできる．なお，$l=0$ で $Z_{\text{in}}(0) = jX_s$ なので，それよりも（絶対値の）大きなリアクタンスを得るには l を $\lambda/4$ 付近にしなければならない．こうした計算方法は，後で述べるスミスチャートで考えるとわかりやすい．なお開放端の電界の広がりが周辺回路と静電結合すると回路特性が設計値とずれ，あるいは増幅回路の動作を不安定化させる恐れがある．またショートスタブの先端部は電流のピークなので，他の回路配線が基板上で近接していると相互誘導により磁気的に結合する可能性がある．このため，回路基板や半導体基板上にストリップラインなどでスタブを形成する場合には，電界や磁界がピークとなる先端部に他の回路を近接させないなどの注意が必要である．

1.4.3 スミスチャート

Z_{in}, Z_L を特性インピーダンス（または基準インピーダンス）Z_c で規格化し，$\hat{z}_{\text{in}}, \hat{z}_L$ とそれぞれ書くと，式(1.30)，式(1.31)より

$$\hat{z}_{\text{in}} = \frac{1 + \Gamma_0 e^{-j2\beta l}}{1 - \Gamma_0 e^{-j2\beta l}} = \frac{1 + \Gamma(l)}{1 - \Gamma(l)} \tag{1.48}$$

$$\Gamma(l) e^{j2\beta l} = \Gamma_0 = \frac{\hat{z}_L - 1}{\hat{z}_L + 1} \tag{1.49}$$

となる．これより，反射係数から規格化負荷インピーダンスを求めると次式を得る．

$$\hat{z}_L = \frac{1 + \Gamma_0}{1 - \Gamma_0} \tag{1.50}$$

ここで式(1.49)と式(1.50)に対応した以下の複素関数 $\hat{z} = f(\Gamma)$，$\Gamma = f^{-1}(\hat{z})$ による Γ 平面から z 平面への写像 f およびその逆写像を考える．ただし $\Gamma \neq 1$ とする．

$$f(\Gamma) = \frac{1 + \Gamma}{1 - \Gamma}, \quad f^{-1}(\hat{z}) = \frac{\hat{z} - 1}{\hat{z} + 1} \tag{1.51}$$

この写像はいずれも等角写像であり，Γ 平面の円は z 平面の直線に写ること

が知られている．実際，Γ の実部と虚部をそれぞれ u, v（$\Gamma = u + jv$），$\hat{z}$ の実部（規格化抵抗）と虚部（規格化リアクタンス）をそれぞれ r, x（$\hat{z} = r + jx$）とおくと，式(1.51)に代入して

$$r + jx = \frac{1 + u + jv}{1 - u - jv} \tag{1.52}$$

となる．両辺の実部および虚部が等しいので，右辺を整理して関係をそれぞれ求めると，以下の関係式を得る．

$$\left(u - \frac{r}{r+1}\right)^2 + v^2 = \left(\frac{1}{r+1}\right)^2 \tag{1.53}$$

$$(u-1)^2 + \left(v - \frac{1}{x}\right)^2 = \left(\frac{1}{x}\right)^2 \tag{1.54}$$

これらは u–v 平面（Γ 平面）における円の方程式である．したがって式(1.53)から，「規格化抵抗 r が一定であれば，反射係数は Γ 平面の $r/(r+1) + j0$ を中心とする原点を通る円（定抵抗円）上にある」ことが，式(1.54)からは「規格化リアクタンス x が一定であれば，反射係数は Γ 平面の $1 + j(1/x)$ を中心として $1 + j0$ を通る円（定リアクタンス円）上にある」ことがわかる．この様子を図1.9に示す．

　図で網をかけた部分は $r < 0$ となる負性抵抗領域である．受動回路では必ず $r > 0$ であり，発振回路を除き能動回路の入出力インピーダンスも $r > 0$ となるよう設計する．したがって多くの場合に Γ は原点中心，半径 1 の円（$r = 0$ の定抵抗円）の内側にある．この $r > 0$ の領域の Γ 平面に，上記定抵抗円と定リアクタンス円を規格化インピーダンスの目盛りなどとともに描いたものを**スミ**

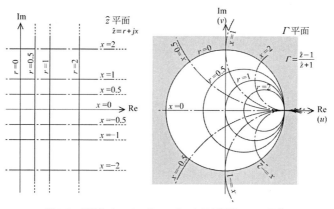

図1.9 規格化インピーダンス $\hat{z}$ から反射係数 Γ への写像

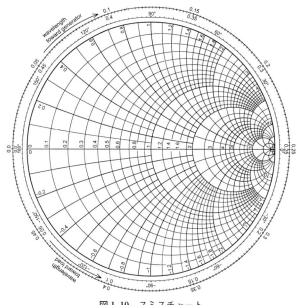

図 1.10 スミスチャート

スチャート (Smith chart) という (図 1.10). スミスチャートは後述のように, 伝送線路長によるインピーダンスの変化や整合回路の設計に便利なため, マイクロ波回路やアンテナのインピーダンス整合の設計ツールや, インピーダンスの周波数特性表示として一般化している.

なお, 伝送線路と入出力のインピーダンス整合の指標となる VSWR は, 式 (1.34) で示したように $|\varGamma_0|=|\varGamma(l)|$ の関数である. したがってスミスチャートに原点 (規格化インピーダンス $\zeta=1+j0$, つまり $r=1, x=0$) 中心の円を描けば「定 VSWR 円」ないし「定リターンロス円」となるが, 円が多数重なって煩雑になるため通常は描かない. ただし $\varGamma$ の実軸上 ($x=0$) の原点と正 ($1 \leq r$) の部分 (原点を通る水平軸の右半分) では式 (1.35) より $\rho=r$ なので, r の値を「定 VSWR 円」の目盛りとしても用いることができる. なお今日では高周波回路設計ソフトウェアにより PC 画面上でスミスチャートを表示することが多いので, こうした円線で描かれる目盛りは必要に応じて表示を ON/OFF でき, チャート上のプロットにカーソルを合わせると, VSWR やリターンロスなどの所望の値を表示させることができる.

ところで式 (1.32) のように, 伝送線路は線路を終端しているインピーダンス

Z_L を線路長 l により変換する．スミスチャートは式(1.30)と式(1.31)の計算が作図によりできるので，式(1.32)のように伝送線路を含んだ回路のインピーダンス計算が，目視的に容易にできる．

　まず，上記のようにスミスチャートは式(1.51)の形で一般化される複素関数（写像）について，反射係数 Γ の複素平面上に，式(1.48)と式(1.49)の関係で表される規格化インピーダンスの目盛りを円線で示したものである．したがって終端部から l [m] の位置における反射係数 $\Gamma(l)$ と規格化インピーダンスの変換が，相互に目視でできる．さらに線路長 l が d [m] だけ変化した時の反射係数は $\Gamma(l+d)=\Gamma(l)e^{-j4\pi d/\lambda}$ で与えられるから，Γ 平面，つまりスミスチャート上では，原点中心で時計回りに $4\pi d/\lambda$ ラジアン回転（$d<0$ ならば反時計回り）した点に移動する．この時の規格化抵抗 r，規格化リアクタンス x の目盛りを直交する円線から読み，それらに Z_c を掛ければ $Z_{in}(l+d)$ が得られる．また，伝送線路ではなくインピーダンス Z_s の2端子回路または素子を直列（シリーズ：series）に挿入した場合は，その正規化インピーダンスを $Z_s/Z_c=r_s+jx_s$ とおけば，定リアクタンス円上を r_s 移動し，さらに定抵抗円上を x_s だけ移動したものが，Z_{in} の正規化インピーダンスになる．

例題 1.1　図1.11のように周波数3 GHz で，線路長が $l=20$ [mm]，特性インピーダンス $Z_c=50$ [Ω]，式(1.24)で示した波長短縮率が 0.6 の線路を，$Z_L=25+j25$ [Ω] のインピーダンスで出力端を終端した時の，線路の入力インピーダンス Z_{in} を求めよ．

（解答）　図1.12に示すスミスチャートにより，以下の手順で求めることができる．
まず，基準インピーダンスを Z_c で終端（負荷）インピーダンス Z_L を規格化すると，$z_L=Z_L/Z_c=0.5+j0.5$ となる．これをチャート上にプロットする（図1.11の①）．当該線路上の波長は $\lambda=0.6\lambda_0=0.6c/f=60$ [mm] だから，

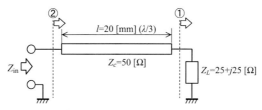

図 1.11　負荷インピーダンスで終端された伝送線路

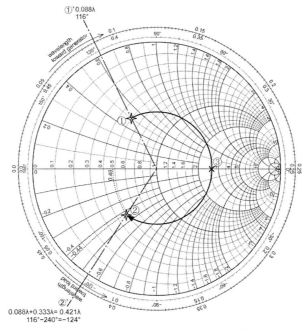

図1.12 スミスチャートによるインピーダンス変換の計算

$l/\lambda=1/3$. $\Gamma(l)=\Gamma_0 e^{-j4\pi l/\lambda}=\Gamma_0 e^{-j4\pi/3}$ なので，上記プロットを原点中心時計回りに 240° 回転させた点をプロットする（同図②）．その点の規格化インピーダンスの目盛りを読むと，$0.48-j0.44$ が得られ，それに $Z_c=50$ を掛けて得られる $24-j22\,[\Omega]$ が Z_in となる．

なお，紙に印刷されたスミスチャートには通常，$|\Gamma|=1$ 円の外周に $\arg\Gamma$ の角度目盛り以外に l/λ，つまり波長単位の目盛りが2種類書かれていることが多い．それらは $\arg\Gamma=\pi$，つまりチャートの左端を 0（基点）とした時計回りと反時計回りの目盛りで，時計回りには "wavelength toward generator"，反時計回りには "wavelength toward load" と印字されている．上記の例の場合，原点から①への直線を外周まで引いて toward generator の目盛り①'を読むと 0.088，$l=(1/3)\lambda=0.333\lambda$ なので $0.088+0.333=0.421$ を同目盛りから探し（②'），そこから原点への直線上の原点から等距離にある②をプロットできる．

さて，スミスチャート上の左端（$\Gamma=-1$）と右端（$\Gamma=1$）の規格化インピ

ーダンスは，それぞれ 0, ∞ であることから，arg$\Gamma=\pi$ は定在波電圧，すなわち線路上の電圧（実効値）の位置変化 $|V(z)|$ の最小点（節）に，arg$\Gamma=0$ は同最大点（腹）に対応することが推定できよう．厳密には式(1.36)の1行目から定在波電圧を求めると，

$$|V(-l)|=|V_i||1+\Gamma_0|e^{j(-4\pi l/\lambda+\varphi_{r0})}|=|V_i||1+\Gamma(l)| \quad (1.55)$$

となることから上記が示される．上記の例では電圧最大点の位置は③となるので，終端（負荷）から $0.25-0.088=0.162$ 波長，つまり $9.7\,\mathrm{mm}$（$+n(\lambda/2)$）の所に最大点があり，最小点はそれに $1/4$ 波長を加えた点 $24.7\,\mathrm{mm}$（$+n(\lambda/2)$）になる．なお，この例では線路長を超えてしまうので線路上には定在波の節は生じず，電圧最小点は②の入力端となる．また，この時のVSWRは③の規格化抵抗 r の目盛りから 2.6 弱であることが読み取れる．このようにスミスチャートと物差し1本（できればコンパスも）さえあれば，筆算程度の乗除算で分布定数線路を含んだ回路のインピーダンスや定在波の計算ができる．

1.4.4 イミタンスチャートとインピーダンス変換回路への活用

　これまで説明したスミスチャートは，インピーダンス Z と（電圧）反射係数 Γ の関係で目盛りを描いた「インピーダンス・スミスチャート」である．これに対し，アドミタンス Y [S] と反射係数 Γ の関係でも目盛りを描ける．これを「アドミタンス・スミスチャート」または「アドミタンスチャート」と呼ぶ．通常は，両方の目盛りを重ねた**イミタンスチャート**（図1.13）として用いることが多いが，ここではまずアドミタンスチャートについて説明する．

　あるインピーダンス Z を Z_c で規格化して定義される規格化インピーダンス z に対応し，基準アドミタンス $Y_c=1/Z_c$ を用いて規格化アドミタンス $\hat{y}$ を次式で定義する．

$$\hat{y}=\frac{Y}{Y_c} \quad (1.56)$$

このとき，$\hat{y}=1/\hat{z}$ であることは明らかである．したがって $\hat{y}$ の実部と虚部をそれぞれ g, b，つまり $\hat{y}=g+jb$ とおけば，インピーダンス・スミスチャートの時と同様に $\Gamma=u+jv$ との関係が，g, b をパラメータとした u, v に関する円の方程式の形で導くことができる（演習問題1.2）．したがってインピーダンス・スミスチャートに g, b の目盛り，すなわちアドミタンスチャートを重

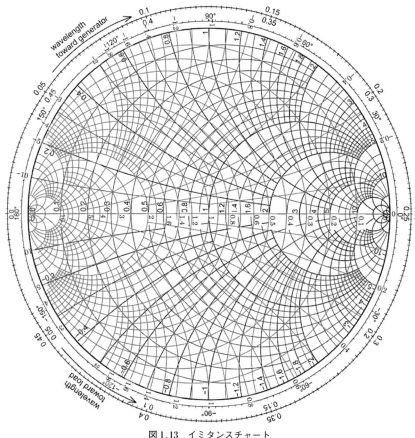

図 1.13　イミタンスチャート

ね書きすれば，図 1.13 のイミタンス・スミスチャート（通常は「イミタンスチャート」と略す）が得られる．アドミタンスは並列回路の合成アドミタンスが和の形で与えられるので，並列回路の解析・設計に便利である．分布定数線路の入出力端または途中に並列（シャント：shunt）にリアクタンス素子（スタブや L, C など）を接続してインピーダンス整合を行うことも多く，アドミタンスチャートは便利である．しかし素子や回路の特性は多くの場合，アドミタンスよりもインピーダンスで表示する方が一般的なので，途中計算はアドミタンスとインピーダンスの両方を使い，結果はインピーダンスで表示したい場合が多い．図 1.13 のイミタンスチャートはこうした用途に便利である．例えば周波数 3 GHz，線路長 $l=20$ [mm]，特性インピーダンス $Z_c=50$ [Ω]，波長

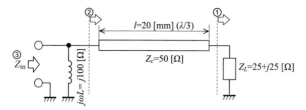

図 1.14 線路とシャントにリアクタンス素子が入る回路

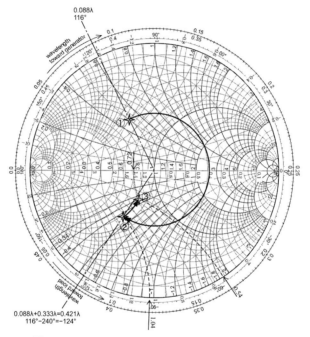

図 1.15 イミタンスチャートによるインピーダンス計算例

短縮率が 0.6 の線路に，$Z_L = 25 + j25\,[\Omega]$ のインピーダンスで線路が終端された図 1.11 の回路の入力端に，並列に $X_s = 100\,[\Omega]$ のリアクタンス回路（インダクタやショートスタブなど）が接続された図 1.14 の回路を考える．この時の入力インピーダンス Z_{in} は，図 1.15 に示すように，以下の手順で求めることができる．

まず図 1.12 の場合と同様に，終端インピーダンスを規格化して $\tilde{z}_L = Z_L/Z_c = 0.5 + j0.5$ の①の点を得，$l/\lambda = 1/3$ により原点中心時計回りに 240°，あるいは外周の目盛りから wavelength toward generator の方向に $1/3 = 0.333$ を加えた目盛りまで回転させた点をプロットする（同図②）．その点の規格化インピ

ーダンスの目盛りは $0.48-j0.44$ だが,規格化アドミタンス側の目盛りを読むと,$1.13+j1.04$ である.これが入力端のリアクタンス回路がない時の正規化アドミタンスだが,今回は $Y=1/(jX_s)=-j0.01$ [S] のアドミタンスが並列接続されている.これを $Y_c=1/50=0.02$ [S] で規格化すると,$\tilde{y}=0-j0.5$ である.並列回路の合成アドミタンスはそれぞれのアドミタンスの和だから,$(1.13+j1.04)+(0-j0.5)=1.13+j0.54$ となる(同図③).この点の規格化インピーダンスの目盛りを読むと $0.72-j0.34$ だから,これに $Z_c=50$ を掛けて得られる $36-j17$ [Ω] が Z_in となる.

　以上のように,スミスチャートやイミタンスチャートを用いれば,鉛筆と直線定規で簡単かつ直感的にインピーダンス変換回路を設計・解析できる.ただし今日では高周波回路設計ソフトウェアでの設計が主流なので,チャートも鉛筆も定規も用いず,式の計算だけをソフトウェアなどで行えば済む.しかしスミスチャートを目で見ながら設計し実験検討することで,回路設計や特性変化の見通しを直感的に把握でき,設計ソフトウェアへの数値の誤入力やバグなどで明らかに誤った結果が出たときに気づきやすくなる.このため高周波回路設計ソフトウェアやSパラメータの計測器では,スミスチャート上にインピーダンスを表示する機能が,必ずといってよいほどある.したがってマイクロ波回路・アンテナの設計に携わる技術者は,Sパラメータの理解はもちろん,今日もなおスミスチャートを自由自在に使いこなせるようになっておく必要がある.

1.4.5　変成器によるインピーダンス整合

　変成器(transformer,略称:トランス)とは,広い意味ではインピーダンスを実数倍に変換する素子または分布定数回路を指すが,通常は図 1.16 (a)

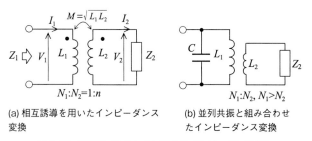

(a) 相互誘導を用いたインピーダンス変換

(b) 並列共振と組み合わせたインピーダンス変換

図 1.16　変成器(トランス)によるインピーダンス変換

の相互誘導を用いたインピーダンス変換回路をいう．図のようにトランスの巻数比を n（一次側巻数：二次側巻数 $= 1:n$），一次側の電圧，電流をそれぞれ V_1, I_1，二次側の電圧，電流をそれぞれ V_2, I_2 とおき，二次側にインピーダンス Z_2 の回路を接続したとする．また自己インダクタンス L_1, L_2 は，伝送する信号の周波数を f として $|Z_2| \ll 2\pi f L_2$, $|Z_2|/n^2 \ll 2\pi f L_1$ であり，無損失かつ密結合（$M^2 = L_1 L_2$, M は相互インダクタンス）が近似的に成り立っていると仮定する．このときの一次側から見たインピーダンス Z_1 は，$V_1 I_1 = V_2 I_2$, $V_2 = nV_1$ より，

$$Z_1 = \frac{1}{n^2} Z_2 \tag{1.57}$$

となる．このように巻数比を所望の値に設計することで，実数倍のインピーダンス変換が可能である．なお位相角（$\arg Z$）の異なるインピーダンス間の変換には，一次側または二次側に，直列または並列のリアクタンス（L または C）が必要である．

式(1.57)から明らかなようにインピーダンス変換比 n^2 は信号の周波数に依存しないので，広帯域のインピーダンス変換回路が実現できる．また一次側と二次側の絶縁が可能なことがトランスの利点である．ただし自己インダクタンスと浮遊容量による自己共振などのため，マイクロ波帯以上の周波数では上記で仮定した条件を満たすトランスの実現が難しくなる．なお，図1.16 (b) のように，自己インダクタンスとの並列共振を利用し，バンドパス特性を持たせたインピーダンス変換回路も用いられる．C は高インピーダンス側に接続する．この場合は C によりインピーダンスの位相角も変換でき，L_1, L_2 を小さい値にできるので自己共振を避けられる．しかし巻数は1回が最小限度なので，低インピーダンス側の巻数がマイクロ波帯など高周波数では限界に達する．さらにコイルによって生じる磁界がトランス以外の配線や回路に鎖交することで，予期しない帰還や不要信号の漏れ込み（クロストーク：crosstalk）などの問題が生じることもあるため，回路レイアウトには注意が必要である．

1.4.6 リアクタンス素子による整合回路

位相角（$\arg Z$）の異なるインピーダンスも含め，任意のインピーダンス間の変換は，図1.17に示した回路 (a), (b) いずれかによって実現できる．X_{a1}, X_{a2} などはそれぞれの素子のリアクタンスである．これらを集中定数回

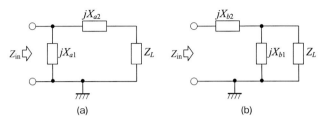

図 1.17 リアクタンス素子による整合回路

路で作成する場合，正のリアクタンスはインダクタ（L）で，負の場合はキャパシタ（C）で実現できる．シリーズに入るリアクタンスは，負荷側を見込んだインピーダンスのリアクタンスに加算されるので，スミスチャート（インピーダンス目盛り）の定抵抗円を移動する．一方シャントに入るリアクタンスは，その逆数が負荷側のサセプタンスにそれぞれ加算されるので，定コンダクタンス円上を移動する．

なおマイクロ波帯以上の高周波では，端子間または配線パターン間の浮遊容量や配線のインダクタンスが無視できなくなるため，L，C のリアクタンスが ωL，$-1/\omega C$ からずれる点に留意する必要がある．また図 1.17 の X_{a1}，X_{b1} などの一端をグランドに接続するシャントのリアクタンスはスタブでも実現でき，その値は式(1.45)，式(1.46)で与えられる．マイクロストリップ線路のスタブは回路基板上に配線パターンとして形成できる利点があるが，波長比例の長さが必要なので低い周波数ではサイズが長くなる．したがって 1 GHz 以下の回路は主に集中定数回路で，数 GHz 以上のマイクロ波回路はスタブで作成することが多い．なお，集中定数回路による設計では伝送線路を用いないので，基準インピーダンスは正であれば任意の値でよい．しかし，高周波測定器の入出力インピーダンスや，S パラメータの基準インピーダンスとして標準的な 50 Ω を用いるのが，多くの場合に無難である．

ところで，図 1.17 の入出力間に直列（シリーズ）に入るリアクタンス（X_{a2}，X_{b2}）はスタブで実現しても良いように思えるが，あまり用いない．これは回路基板上のストリップ線路や同軸線路などの不平衡線路は一方の導体がグランドになるため使えないこと，プリント配線板や IC の場合にはチップキャパシタや MIM（metal insulator metal）キャパシタ，スパイラルインダクタなどの集中定数素子がマイクロ波帯でも利用できること，インダクタの自己共振が問題となる高周波数帯では，次に述べる分布定数線路のみで構成した整合

回路が利用できること，などによる．

例題 1.2　500 Ω と $-j100\,\Omega$ の並列インピーダンス（$Z_L=19.23-j96.15\,[\Omega]$）を $Z_{\text{in}}=50\,[\Omega]$ に変換する回路を設計せよ．

（解答）　まず，基準インピーダンス Z_c を 50 Ω に選ぶと基準アドミタンス Y_c は 1/50 S なので，規格化インピーダンスは $\hat{z}_1=0.38-j1.92$，同アドミタンスは $\hat{y}_1=0.1+j0.5$ である．これをチャートにプロットすると図 1.18 の①となり，これを所望インピーダンスの 50 Ω（点 O，規格化インピーダンス $1+j0$）へ持ってくるには，アまたはイの経路が考えられる．アはインピーダンスチャート $r=0.38$ の定抵抗円を時計回りに進み，アドミタンスチャート $g=1$ の定コンダクタンス円との交点②（インピーダンス，アドミタンス目盛りはそれぞれ，$\hat{z}_2=0.38-j0.48$，$\hat{y}_2=1+j1.25$）に到達する．次に②から $g=1$ 円を反時計回りに進めば点 O に達する．①から②への正規化インピーダンスの増加は，$\hat{z}_2-\hat{z}_1=j1.44$，②から O への正規化アドミタンスの増加は $1-\hat{y}_2=-j1.25$ なので，まず Z_L に直列に $j1.44Z_c=j72\,[\Omega]$ の素子を接続し，その直列回路に $-j1.25Y_c=-j0.025\,[\mathrm{S}]$ すなわち $j40\,[\Omega]$ の素子を並列に接続すれば合成イ

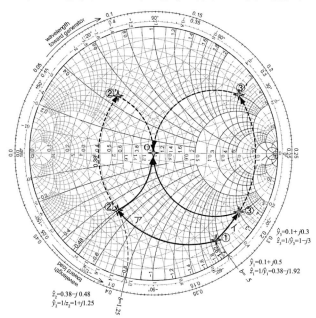

図 1.18　イミタンスチャートによるインピーダンス計算例

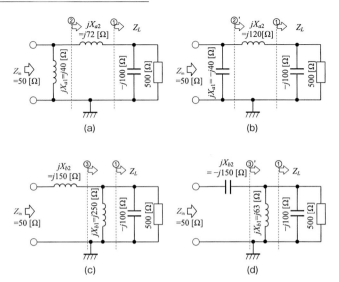

図 1.19　設計された 4 通りの整合回路

ンピーダンスは $Z_\text{in}=50\,[\Omega]$ となる．この回路を図 1.19 (a) に示す．一方イの経路をとると，まず $b=0.1$ の定コンダクタンス円を反時計回りに進み，$r=1$ の定抵抗円との交点③（インピーダンス，アドミタンス目盛りはそれぞれ，$\hat{z}_3=1-j3$, $\hat{y}_3=0.1+j0.3$）に到達する．次に③から $r=1$ 定抵抗円を時計回りに進めば点 O に達する．①から③への正規化アドミタンスの増加は $\hat{y}_3-\hat{y}_1=-j0.2$, ③から O への正規化インピーダンスの増加は，$1-\hat{z}_3=j3$ なので，まず Z_L に並列に $-j0.2Y_c=-j0.004\,[\text{S}]$ すなわち $j250\,[\Omega]$ の素子を接続し，その並列回路に対し直列に $j3Z_c=j150\,[\Omega]$ の素子を接続すれば，合成インピーダンスは $Z_\text{in}=50\,[\Omega]$ となる．この整合回路を，図 1.19 (c) に示す．なお，図 1.18 の破線で示した経路により，②に代えて②' 経由で，あるいは③に代えて③' 経由での整合回路を設計することも可能である．これらは互いに複素共役の関係にある．この場合，入力側のリアクタンス素子 X_{a1} または X_{b2} の極性，つまり C 性と L 性が反転することになる．以上により設計した整合回路をそれぞれ，図 1.19 (b) および (d) に示す．

このように図 1.17 (a) の回路でチャートの中心の基準インピーダンス Z_c に整合させるには，負荷と直列にリアクタンスを接続し，チャートの定抵抗円上を移動して $g=1$ の定コンダクタンス円との交点に至る経路を探索すれば良い．また図 1.17 (b) の回路で整合させるには，負荷と並列にリアクタンスを接続

し，チャートの定コンダクタンス円上を移動して $r=1$ の定抵抗円との交点に至る経路を探索すれば良い．なお，図 1.17 (a) の回路では Z_L が $r>1$ の領域の場合に，同図 (b) の回路では $Y_L=1/Z_L$ が $g>1$ の領域の場合には上記経路がないので，その場合はそれぞれ，同図 (b) および (a) を採用すれば良い．また Z_c とは異なる信号源インピーダンス Z_S に共役整合させるには，$Z_{in}=Z_S^*$ をチャート上にプロットし，Z_{in} の点を通る定コンダクタンス円または定抵抗円を描き，Z_L からその円との交点に至る定抵抗円または定コンダクタンス円の経路をそれぞれ探索して設計すれば良い．以上のようなイミタンスチャートを活用した整合回路の設計法・設計例は，例えば（谷口ほか，2010）（大井，2006）など多くの専門書に詳述されているので参照されたい．

1.4.7　分布定数回路のみで構成した整合回路(単一スタブ,二重スタブ,多重スタブ)

シリーズに入った L はインピーダンスを定抵抗円上で時計回りに移動するのに対し，伝送線路は図 1.12 や図 1.15 で説明したように，原点中心の円（$|\Gamma|$ 一定，定 VSWR 円）上を時計回りに移動する．したがってシリーズ L によるインピーダンス軌跡と同じ回転方向になるので，シャントのリアクタンス

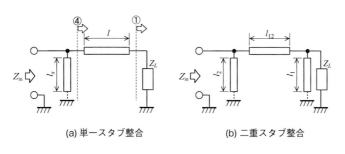

(a) 単一スタブ整合　　　　　(b) 二重スタブ整合

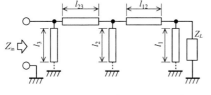

(c) 多重スタブ整合（3 スタブ）　　(d) オープンスタブ（左）とショートスタブ（右）の表記

（線路の特性インピーダンス：Z_c）

図 1.20　スタブ整合回路

となるスタブと組み合わせると，伝送線路のみで構成した整合回路が実現できる．これを**スタブ整合**という．

図1.20にスタブ整合回路を示す．同図(a)，(b)，(c)はそれぞれ，単一スタブ，二重スタブ，多重スタブ（3スタブ）の整合回路である．スタブは平衡線路でも不平衡線路でも作成できるが，ここでは後者のマイクロストリップ線路をイメージした長方形の回路記号を用いる（図1.20(d)）．不平衡線路なので，先端が接地されているものがショートスタブ，接地されていないものはオープンスタブである．

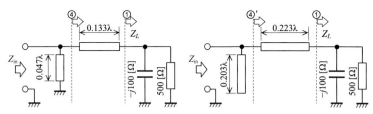

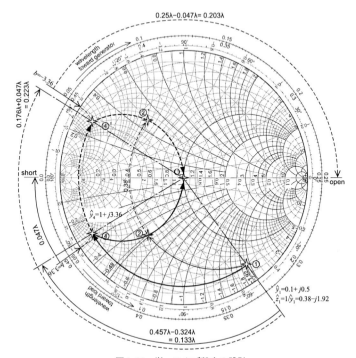

図1.21 単一スタブ整合の設計

図 1.21 は単一スタブの設計チャートで，図 1.19 (a) と同じ負荷インピーダンスを $Z_{in}=50\,[\Omega]$ に変換している．伝送線路の特性インピーダンスはスタブも含め，すべて $Z_c=50\,[\Omega]$ とする．比較のためにシリーズ回路に集中定数の L を用いた図 1.19 (a) の場合，つまり図 1.18 の②の経路も示している．図 1.20 (a) より，単一スタブ回路は負荷から入力側に長さ l の線路があるので，まず原点（$\hat{z}=1$, $\varGamma=0$）O 中心の円（定 VSWR 円）を Z_L の点①から時計回り（wavelength toward generator 方向）に描き，$g=1$ の定コンダクタンス円との交点④を求める．あとは例題 1.2 と同様に④のサセプタンスを相殺するスタブを並列接続すればOに至る．Oから①と④へそれぞれ直線を引き，チャート外周の波長目盛りを読むと，0.324 と 0.457 である．したがって①—④間の線路長は，$l=0.457\lambda-0.324\lambda=0.133\lambda$ となる．次に④を通る定サセプタンス円をチャートの外周までたどって目盛りを読むと 3.36 なので，所要スタブは正規化サセプタンスが -3.36 となるものである．チャート外周のサセプタンスに対する波長目盛りから時計回りに，チャート左端（$\hat{z}=0$, $\varGamma=-1$）に至る値がショートスタブを用いた場合のスタブ長で，$l_s=0.047\lambda$ となる．オープンスタブであれば，時計回りにチャート右端（$\hat{z}=\infty$, $\varGamma=1$）に至る値なので，スタブ長は $\lambda/4$ 長くなり $l_s=0.047\lambda+0.25\lambda=0.297\lambda$ となる．この場合のように負のサセプタンス（L 性）ではショートスタブを，正（C 性）の場合はオープンスタブを用いると $l_s\leq\lambda/4$ となる．なお，①からの等 VSWR 円と $g=1$ の定コンダクタンス円との交点はもう1カ所④'にもあり，図示のような軌跡で設計できる．こちらを利用すると線路長は $l=0.223\lambda$，スタブは C 性でオープンスタブの $l_s=0.203\lambda$ となる．このように2通りの設計が可能だが，通常は線路長が短い方が良いだろう．ただしオープンスタブの方が短くなる場合であっても，スタブの先端に他の金属，誘電体，人体，大地などが接近し，その影響を避けたい場合などは $\lambda/4$ 長くなってもショートスタブを選択する．

さて，単一スタブでは任意のインピーダンスを整合できるが，負荷インピーダンスに変化が生じ，あるいはスタブ位置 l に誤差があった場合は，スタブ長とスタブ位置の両方を調整する必要がある．スタブ長は，最初長めに作っておいて徐々に切り詰めるなどの調整も比較的容易だが，スタブ位置をずらすのは面倒な場合が多い．この場合，図 1.20 (b) の二重スタブ回路（複スタブ回路ともいう）を用いると解決できることが多い．二重スタブはスタブ1を負荷と並列に，スタブ2を $l_{12}\,[\mathrm{m}]$ 離した位置に取り付けたもので，l_{12} を固定しても

スタブ長 l_1, l_2, つまりそれぞれのサセプタンスを調整することで広範囲のインピーダンスを Z_c に整合できる．インピーダンスには実部と虚部の 2 つの自由度があるので，任意のインピーダンスを整合させるには少なくとも 2 つの設計自由度が整合回路に必要である．単一スタブ回路ではスタブ長 l_s とスタブ位置 l で 2 自由度がある．一方，二重スタブ回路では l_{12} を固定する代わりにスタブを追加し，各スタブ長，つまり 2 ヶ所のサセプタンス調整で 2 自由度を確保している．ただし以下のように整合不可能なインピーダンス領域がある．

　二重スタブの整合範囲について，$l_{12}=\lambda/8$ とした場合について考えてみよう．まずスタブ 2 のサセプタンスで整合できるのは，図 1.21 などと同様に $g=1$ の定コンダクタンス円上だから，ここから $l_{12}=\lambda/8$ 先にある Z_L を整合できる Z_L の範囲は，スタブ 1 のアドミタンスが 0（スタブ 1 を接続しない状態）

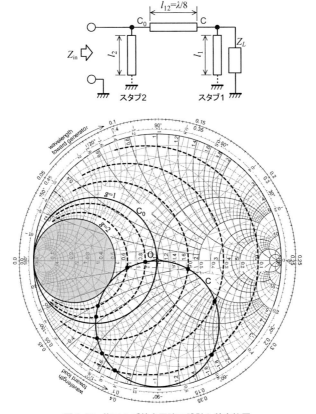

図 1.22　複スタブ整合回路の設計と整合範囲

であれば，図1.22に示す$g=1$円C_0を反時計回りに90°回転させた円C上の任意の点になる．この点にスタブ1による任意のサセプタンスを加えた点，つまり図に破線で示したようなCを横切るすべての定コンダクタンス円上の点が整合範囲である．したがって$g \geq 2$の領域（同図網かけの範囲）は整合できない．このように負荷インピーダンスが$g \geq 2$またはその近傍となることが明らかな場合には，スタブ1と負荷の間にあらかじめ線路を$\lambda/8$か少し長めに挿入しておくと，不整合領域が反時計回りに移動するため避けられる．もしも任意の負荷インピーダンスに対しスタブ長のみの調整で整合させたい場合は，次の多重スタブ整合回路を利用する．

図1.20 (c) は3つのスタブによる多重スタブ整合回路（3スタブ整合回路）である．二重スタブ整合回路の入力側にスタブ3を追加した構成となる．同図

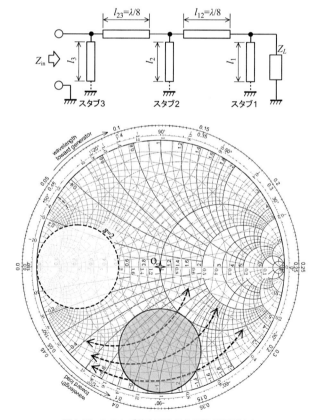

図1.23　3スタブ整合回路による整合範囲拡大

のようにスタブ2とスタブ3の間を $l_{23}=\lambda/8$ に設定すれば，この間は二重スタブ整合回路とみなせる．したがって，スタブ2の右側から負荷側を見込んだインピーダンスが $g≧2$ の範囲は整合不可能な領域である．この領域は $l_{12}=\lambda/8$ 負荷側，つまりスタブ1の位置では，図1.23に示す網かけの部分となる．この領域がスタブ1を取り付けない時の整合不可能領域である．しかし，スタブ1を取り付ければ任意のサセプタンスを加減できるから，同図破線のように定コンダクタンス円に沿って整合可能な領域に出られる．これで任意のインピーダンスを整合できることがわかる．なお，多重スタブでは設計自由度がスタブ数だけあるので，整合させるスタブ長の組み合わせは無数にある．したがってスタブ長ができるだけ短くなるようにする，あるいは入力端のVSWRが1.5以下になる周波数帯域ができるだけ広くなるようにする，などの評価関数を決めて最適化することもできる．ただし，負荷インピーダンスも一般に周波数依存である点に注意が必要である．

1.4.8　リアクタンス素子数を冗長化した整合回路

多重スタブでも述べたように，設計自由度が多い整合回路は広帯域にわたって整合を確保するなどの最適化が可能になる．L, Cによる整合回路も同様で，図1.24のような回路が考えられる．同図(a)はシリーズのリアクタンスを固定Lとし，シャントのリアクタンスを可変Cとすれば，2スタブ整合回路のように比較的広い範囲の整合が可能である．また同図(b)のように素子数を増やせば広帯域にわたって，または複数の周波数で整合をとることができる．設計法の詳細は本書の範囲を超えるので，文献（高山，1998）などを参照されたい．

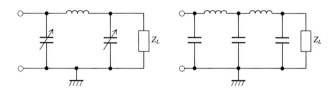

(a) 可変のCを用いた整合回路　　　(b) LCを多数含む整合回路

図1.24　リアクタンス素子数を冗長化した整合回路

◇参考文献◇

[1] 伊藤健一 (1972)：アース回路—こうすれば電子回路は正しく働く—，日刊工業新聞社．
[2] 杉浦寅彦 (1976)：マイクロ波工学，朝倉書店．
[3] 谷口慶治, 曾寧峰, 森幹男 (2010)：マイクロ波回路とスミスチャート，共立出版．
[4] 大井克己 (2006)：スミス・チャート実戦活用ガイド—インピーダンス整合の基礎とソフトを使った応用方法を学ぶ—（RFデザイン・シリーズ），CQ出版社．
[5] 高山洋一郎 (1998)：マイクロ波トランジスタ，電子情報通信学会．

◇演習問題◇

1.1 図1.6のように，特性インピーダンス Z_c [Ω] の伝送線路の出力端にインピーダンス Z_L [Ω] を接続した．z 座標の原点を出力端よりも入力端寄りにとり，出力端の座標が $z=p$ であった場合でも，$\Gamma_0 = V_r e^{j\beta p}/(V_i e^{-j\beta p})$ とおけば，式(1.27)が成立することを示せ．

1.2 伝送線路の出力端に接続された回路または素子の正規化アドミタンス $\hat{y}$ の実部と虚部をそれぞれ g, b，つまり $\hat{y}=g+jb$ とおけば，反射係数 $\Gamma=u+jv$ との関係が，g, b をパラメータとした u, v に関する円の方程式となることを示せ．

1.3 周波数 $f=150$ [MHz] で $Z_L=100+j50$ [Ω] のインピーダンスを持つアンテナがある．このアンテナを 50 Ω に整合させる整合回路を集中定数で設計し，それぞれの素子値（インダクタンス L または静電容量 C）を求めよ．

1.4 周波数 $f=3$ [GHz] で $Z_L=100+j50$ [Ω] のインピーダンスを持つアンテナがある．このアンテナを 50 Ω に整合させる整合回路をスタブ間隔 $l_{12}=\lambda/8$ の二重スタブで設計し，スタブ長 l_1, l_2 を求めよ．ただし線路の波長短縮率は 0.65 とする．

2 マイクロ波伝送線路

本章では,一般に用いられている様々な伝送線路を,その伝送の形態によって 2.1 節で分類し,そのうちの代表的なものとして,同軸線路や平面線路などの平面波伝送線路を 2.2 節で,方形・円形の導波管とその伝送モードを 2.3 節で,さらに,光ファイバやプリント基板の表面などに伝わる表面波線路について 2.4 節で解説する.

2.1 伝搬電磁波の分類

離れたところへ高周波信号を伝えたり,複数の高周波回路を接続したりするには,伝送線路が必要になる.用途に応じて様々な伝送線路が利用されており,これらをその原理の違いによって分類する.

自由空間において電磁波は,**平面波**の形態で伝搬する.しかし,ある地点から自由空間に放射された電磁波は,広範囲に拡散してしまうため,損失なく 2 地点を結ぶためには,伝送線路によって電磁界を限られた領域に集中させることにより,高周波信号を伝える.平面波の形態で構成される伝送線路は,一般に,**二導体系**の伝送線路が用いられる.二導体系の伝送線路には,**平衡線路**と**不平衡線路**の 2 つがある.平衡線路は 2 つの導体がともに信号線であり,不平衡線路は 1 つの信号線と 1 つ以上の地導体からなる.ともに導体間に電位差を与えることで導体間領域に電磁界を発生させ,両者の電位の正負が入れ替わりながら伝送する.二導体系の伝送線路を図 2.1 (a) に示す.平衡線路の代表的なものには,**レッヘル線**や**スロット線路**などがあり,不平衡線路の代表的なものには,**同軸線路**,**マイクロストリップ線路**,**ストリップ線路**,**コプレナ線路**などがある.その他に,2 枚の導体板を対向させて置くことで構成された**平行板線路**や,金属筐体にスロット線路を構成したプリント基板を挟み込むことで構成された**フィンライン**なども二導体系の伝送線路である.2.3 節で説明する**導波管**に,ダイオードやトランジスタなどのアクティブ素子を組み込むことは容易ではないが,フィンラインは基板のスロット線路の部分に電磁界が集中して平面波が伝送するため,このスロット線路をまたぐようにダイオードやトラ

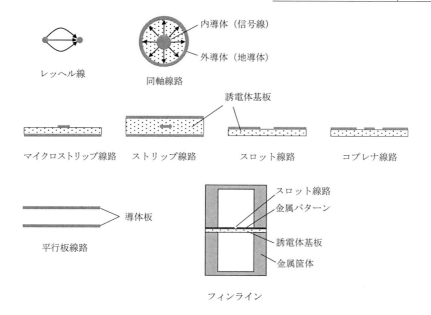

図 2.1 伝送線路とその分類

ンジスタなどを実装することで，導波管と整合性の良いフィンラインを用いて，高周波スイッチやミキサなどを実現することができる．

　二導体系の伝送線路は，信号線に高周波電流を流すことで，その周囲に電磁界を発生させ，平面波を形成して高周波信号を伝送させる伝送線路である．伝送する周波数が高いほど，**表皮効果**により，高周波電流は導体の表面に集中する．さらに，導線や平板など，断面積の小さい導体に電流を流すと，その抵抗

は大きくなり，導体損が大きくなる．そこで，金属の管を形成し，その内部の空間を伝送するように考え出されたのが導波管である．導波管は金属でできており，その表面に高周波電流が流れるが，内部の空間を伝送するように動作するため，二導体系の伝送線路と同じ伝送電力で比較して，導体表面に流れる伝導電流が小さくなり，導体損は非常に小さい．また，形状に関しては，金属の管からなっているため，**一導体系**の伝送線路であり，平面波である **TEM 波**（transverse electric magnetic wave）の形態では電磁波は伝搬しない．磁界に伝搬方向成分を有する **TE 波**（transverse electric wave）や，電界に伝搬方向成分を有する **TM 波**（transverse magnetic wave）の形態で伝搬する．導波管伝送線路を図 2.1 (b) に示す．金属の管の形状をしており，その断面形状は，長方形と円形の 2 種類がある．一方，平行板線路は，2 つの導体で構成されるため，二導体系伝送線路として平面波を伝送するが，電磁界の偏波により，平面波だけでなく，TE 波や TM 波の形態での伝送も可能である．

　これらの伝送線路は金属を用いているため，導体損が避けられない．そこで，誘電率の異なる 2 つの誘電体の境界で生じる全反射の現象を利用し，誘電体内部に電磁波を閉じ込めて，低損失に電磁波を伝送する**表面波線路**がある．これを図 2.1 (c) に示す．この性質を積極的に利用した低損失な円柱型誘電体線路である**光ファイバ**としての特性の他に，プリント基板の表面を伝搬してしまうため，マイクロストリップアンテナの相互結合や，基板端部放射の原因になる負の側面も持っている．

2.2　平面波伝送線路

2.2.1　同軸線路

　同軸線路は，軸対称な円柱型の**内導体**と**外導体**および，内導体を軸対称に保持するために充填された樹脂の**支持材**からなる．構造と内部に発生する電磁界分布を図 2.2 に示す．内外導体間に電位差を加えると，導体表面における境界条件から，電界の接線成分がゼロとなるよう，導体の表面に垂直に電界が発生する．また，内導体に電流が流れると，**アンペアの法則**から**右ネジの法則**を満たすように，内導体を取り巻くような磁界が発生する．これらの現象が高周波信号に対して起きると，発生する電界，磁界に対して右手系をなすような**ポインティングベクトル**の方向へ，平面波が伝搬する．

発光生物のはなし

知られざる発光生物たちの魅力を余すことなく紹介。

光るのはホタルだけじゃない！
ホタル、きのこ、深海魚……
世界は光る生き物でイッパイだ

■編集者

2024年9月刊行！

●組見本

●目次

I 発光生物とは
第1章　光る生物のはなし　　　　　　　　　　　　　　［大場裕一］
第2章　発光生物の光のしくみのはなし　　　　　　　　［蟹江秀星］
第3章　光の役割のはなし　　　　　　　　　　［蟹江秀星・大場裕一］
コラム1　ニュージーランドの発光生物
　　　　　　　　　　　［ヴィクトール・B・マイヤーロホ 著，大場裕一 訳］
コラム2　羽根田弥太と日本の発光生物学　　　　　　　［内舩俊樹］

II 陸の発光生物
第4章　光るきのこのはなし　　　　　　　　　　　　　［大場裕一］
コラム3　光るカタツムリ　　　　　　　　　　　　　　［大場裕一］
第5章　発光ミミズのはなし　　　　　　　　　　　　　［伊木思海］
コラム4　光るトビムシの謎　　　　　　　　　［大平敦子・中森泰三］
第6章　ホタルのはなし―日本編―　　　　　　　　　　［川野敬介］
第7章　世界のホタルーその多様性と保全のこと―
　　　　　　　　　　　　　　　　［サラ・ルイス 著，大場裕一 訳］
コラム5　発光生物学の歴史
　　　　　―過去より受け継がれる魅惑の光―　　　　　［南條完知］

III 海の発光生物
第8章　深海探査のはなし　　　　　　　　　　　　　　［別所―上原 学］
第9章　発光バクテリアのはなし　　　　　　　　　　　［吉澤　晋］
第10章　光るクラゲのはなし
　　　　　　　　　　　　　［デレン・T・シュルツ 著，大場裕一 訳］
第11章　富山湾のホタルイカのはなし　　　　　　　　　［稲村　修］
コラム6　台湾の発光生物［方　華徳 著，大場裕一 訳］
第12章　ウミホタルのはなし　　　　　　　　　　　　　［田中隼人］
第13章　海底で光る生きもののはなし　　　　　　　［別所―上原 学］
第14章　光るサメのはなし　　　　　　　　　　　　　　［佐藤圭一］

第6章
ホタルのはなし
―日本編―

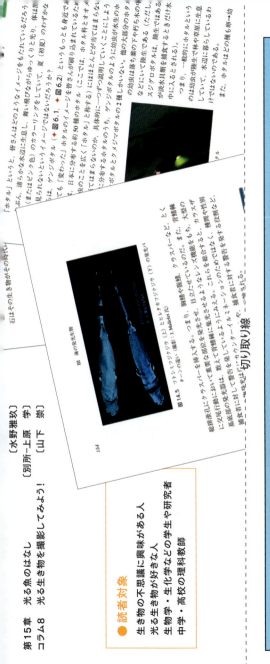

執筆者（五十音順）

- 伊木志海　株式会社鳥津アクセス
- 稲村　修　魚津水族館
- 内舩俊樹　横須賀市自然・人文博物館
- 大場裕一　中部大学応用生物学部
- 大平敦子　多摩六都科学館
- 蟹江秀星　産業技術総合研究所
- 川野敏介　豊田ホタルの里ミュージアム
- 佐藤圭一　沖縄美ら島財団総合研究所
- テレジ・T・シュルツ　オーストリア・ウィーン大学
- 田中隼人　葛西臨海水族園
- 中森泰三　横浜国立大学大学院環境情報研究院
- 南條完知　東北大学大学院生命科学研究科
- 別所-上原　学　東北大学学際科学フロンティア研究所
- 方　華徳　台湾・中國文化大學
- ヴィクトール・B・マイヤーロホ　フィンランド・オウル大学
- 水野雅妓　中部大学大学院応用生物学研究科
- 山下　潔　株式会社サイエンスマスター
- 吉澤　晋　東京大学大気海洋研究所／大学院新領域創成科学研究科
- サラ・ルイス　米国・タフツ大学名誉教授
    国際自然保護連合種の保存委員会

朝倉書店

生き物が光る！動画37件つき

光る生物
大場裕一〔編〕
朝倉書店

A5判／192ページ
978-4-254-17192-1　C3045
オールカラー
定価3,300円（本体3,000円＋税）

美しい写真や動画、イラスト、
4コマ漫画も満載で、
光る生き物がまるっとわかる！

どう光るの？なぜ光るの？
なんでその色なの？
国内・海外の専門家が解説。

「そもそも、私たちは
光るものが大好きなのだ。」
編集者　大場裕一

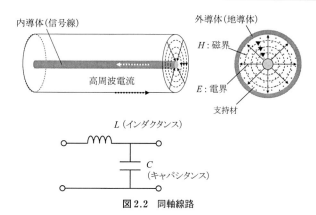

図 2.2 同軸線路

1章で示したように，伝送線路の伝送特性は，**特性インピーダンス**と**伝搬定数**によって特徴付けられる．アンペアの法則とガウスの法則を同軸線路の構造に適用し，伝送線路の単位長さ当たりのシリーズインダクタンスとシャントキャパシタンスをそれぞれ導出することにより，同軸線路の特性インピーダンスと伝搬定数が求められる．

内導体の外径を a，外導体の内径を b，支持材の比誘電率を ε_r とする．まず，インダクタンス L は，その定義より，電流 I と，それによって内外導体間に発生した全磁束 Φ との比であるので，電流 I と全磁束 Φ との関係式を求めることで導出できる．同軸線路のうちの単位長さ分を切り出した構造を図2.3に示す．軸対称な構造であるので電磁界も軸対称である．任意の角度における，中心軸を含む断面を鎖交する磁束 Φ を求める．磁界 H は，アンペアの法則を用いることにより，半径 ρ の関数として，下記のように求められる．

$$H = \frac{I}{2\pi\rho} \tag{2.1}$$

全磁束 Φ は，磁束密度 μH を，長さ1で幅 $b-a$ の面全体で面積分することに

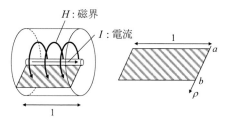

図 2.3 同軸線路のインダクタンスの計算

よって，以下のように求められる．

$$\Phi = \int_a^b \mu \frac{I}{2\pi\rho} d\rho = \frac{\mu I}{2\pi} \ln \frac{b}{a} \quad (2.2)$$

ここでμは，媒質中の透磁率である．これを用いて，インダクタンスLは，その定義より，以下のように求められる．

$$L = \frac{\Phi}{I} = \frac{\mu}{2\pi} \ln \frac{b}{a} \quad (2.3)$$

次に，キャパシタンスCは，内導体と外導体に蓄積した電荷量Qとそれによって発生した電位差Vとの比$C=Q/V$から求める．まず，図2.4に示すように，**ガウスの法則**を用いて，中心軸からの距離ρの関数として電界Eを求め，電位差Vの定義より，電界Eを外導体から内導体までρで線積分することにより，電位差Vと電荷量Qとの関係式を求める．同軸線路内の，半径r，長さ1の円柱に対して，ガウスの法則を適用する．電界はこの円柱の表面に垂直に鎖交するため，鎖交する電界をEとすると，

$$\varepsilon E \cdot (2\pi\rho \cdot 1) = Q \quad (2.4)$$

$$E = \frac{Q}{2\pi\varepsilon\rho} \quad (2.5)$$

が得られる．ここでεは，媒質中の誘電率である．内導体と外導体の電位差Vは，電界をaからbまでρで線積分することで求められる．

$$V = -\int_b^a E d\rho = -\int_b^a \frac{Q}{2\pi\varepsilon\rho} d\rho = \frac{Q}{2\pi\varepsilon} \ln \frac{b}{a} \quad (2.6)$$

これよりキャパシタンスは，下記の式で表される．

$$C = \frac{Q}{V} = \frac{2\pi\varepsilon}{\ln(b/a)} \quad (2.7)$$

1章で求めた，単位長さあたりのインダクタンスLとキャパシタンスCから位相定数βと特性インピーダンスZ_cを求める関係式に，これらを代入する

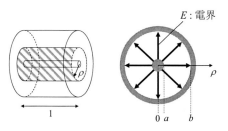

図2.4　同軸線路のキャパシタンスの計算

ことにより，β と Z_c が求められる．まず**位相定数** β は，

$$\beta = \omega\sqrt{LC} = \omega\sqrt{\frac{\mu}{2\pi}\ln\frac{b}{a} \cdot \frac{2\pi\varepsilon}{\ln(b/a)}} = \omega\sqrt{\varepsilon\mu} = k_0\sqrt{\varepsilon_r\mu_r} \qquad (2.8)$$

となる．k_0 は自由空間における平面波の波数であり，この式は誘電体空間内の平面波の波数と同じ式となる．同軸線路の形状パラメータを含まないため，同軸線路の位相定数 β は，同軸線路内部の支持材の材料定数（比誘電率 ε_r，比透磁率 μ_r）だけに依存し，形状には依存しないことを意味している．

次に**特性インピーダンス** Z_c は，

$$Z_c = \sqrt{\frac{L}{C}} = \sqrt{\frac{\mu}{2\pi}\ln\frac{b}{a} \cdot \frac{\ln(b/a)}{2\pi\varepsilon}} = \frac{1}{2\pi}\sqrt{\frac{\mu}{\varepsilon}}\ln\frac{b}{a} = \frac{Z_0}{2\pi}\sqrt{\frac{\mu_r}{\varepsilon_r}}\ln\frac{b}{a} \qquad (2.9)$$

となる．Z_0 は自由空間を伝搬する平面波の**波動インピーダンス**であり，Z_c はこれに比例することがわかる．また，位相定数 β は形状に依存しなかったのに対し，特性インピーダンス Z_c は同軸線路の内外導体の径 a, b に依存することがわかる．しかし，内導体と外導体の径の比 b/a の関数であるため，b/a が同じであれば，細い同軸線路でも太い同軸線路でも，同じ特性インピーダンスとなる．同軸線路内の電磁界分布を図 2.2 に示したが，通常の太さの同軸ケーブルを高い周波数で用いると，導体表面における電界の境界条件を満たす，平面波以外の電磁界分布として，図 2.5 に示すような TM モードである**高次モード**が発生する．このような高次モードが発生することなく所望の特性インピーダンスが得られるように，高い周波数ほど，b/a の比率を変えずに細い同軸ケーブルを用いる．同軸線路は，地導体である外導体に囲まれた内部に電磁界を閉じ込めて伝送するため，**放射損失**は発生しない．しかし，外導体の中心軸上に内導体を維持するために支持材が必要であるため，**導体損失**だけでな

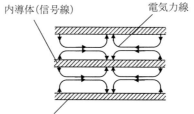

図 2.5 波長に対して太い同軸線路に発生する TM モードの電気力線

く，**誘電体損失**も生じる．

上記のように，いったん構造に対して，等価回路定数である位相定数 β と特性インピーダンス Z_c を，電磁界解析で求めてしまえば，あとはすべて，回路解析により特性を計算できる．

2.2.2 レッヘル線

レッヘル線は**平行二線線路**とも呼ばれ，図 2.6 に示すように，2 本の導線が間隔を一定に保つように，樹脂の外皮により固定された伝送線路である．構造が簡単で扱いやすいため，アナログテレビの時代に，フィーダ線として用いられていた．不平衡系線路である同軸線路と異なり，レッヘル線は 2 本の導線がともに信号線となる平衡系の伝送線路である．地導体はなく，2 本の導線の電位の正負が入れ替わりながら伝送する．電位の高い方の導線から低い方の導線へ向かって電界が発生し，導線に流れる高周波電流に対して右ネジの法則を満たすように磁界が発生しながら，右手系を満たすポインティングベクトルの方向へ平面波が伝搬する．

レッヘル線に関しても，位相定数 β と特性インピーダンス Z_c を求める．図 2.7 に示すように単純な構造で，寸法パラメータは 2 本の導線の半径 a [m] と中心間隔 d [m] のみである．自由空間を平面波が伝搬するので，**位相定数 β**

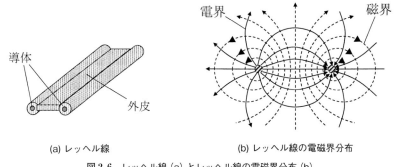

(a) レッヘル線　　　　　　　　(b) レッヘル線の電磁界分布

図 2.6　レッヘル線 (a) とレッヘル線の電磁界分布 (b)

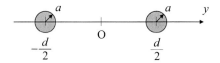

図 2.7　レッヘル線断面の座標系

は自由空間の波数と等しい.

$$\beta = k_0 = \omega\sqrt{\varepsilon_0\mu_0} \tag{2.10}$$

一方,**特性インピーダンス** Z_c に関しては,同軸線路と同様に,インダクタンスとキャパシタンスから求める.それぞれ $\pm Q$ [c/m] の電荷を帯びて,間隔 d [m] だけ隔たれて置かれた 2 本の半径 a [m] の無限長導線間のキャパシタンスは,導線が細い場合,それぞれ単独で置かれた時に周囲に生じる電界の重ね合わせと近似することにより,電位差を計算することで導出できる.2 本の導線に垂直な面において,それらの中心を結んだ線分上の点の電界は,中点を原点として,次式で表される.

$$E_y = -\frac{Q}{2\pi\varepsilon_0}\left(\frac{1}{\frac{d}{2}-y}+\frac{1}{\frac{d}{2}+y}\right) \tag{2.11}$$

2 本の導線の中心間の電界が求められたので,電位差は,これを導体間である $-d/2+a$ から $d/2-a$ まで線積分することで求められる.すなわち,

$$V = -\int_{-\frac{d}{2}+a}^{\frac{d}{2}-a} E_y dy = \frac{Q}{\pi\varepsilon_0}\ln\frac{d-a}{a} \tag{2.12}$$

以上より,2 本の導体線間の,単位長さあたりのキャパシタンスは,次式で表される.

$$C = \frac{Q}{V} = \frac{\pi\varepsilon_0}{\ln\frac{d-a}{a}} \tag{2.13}$$

導線の半径 a が,間隔 d と比べて細い場合には,

$$C \cong \frac{\pi\varepsilon_0}{\ln\frac{d}{a}} \tag{2.14}$$

で表される.一方,インダクタンスに関しては,レッヘル線では自由空間中を平面波が伝搬することから,位相定数が以下のように表されることにより,

$$\beta = k_0 = \omega\sqrt{\varepsilon_0\mu_0} = \omega\sqrt{LC} \tag{2.15}$$

インダクタンス L は,下記のように表される.

$$L = \frac{\varepsilon_0\mu_0}{C} \tag{2.16}$$

よって,特性インピーダンスは,

$$Z_c = \sqrt{\frac{L}{C}} = \frac{\sqrt{\varepsilon_0\mu_0}}{C} = \frac{\sqrt{\varepsilon_0\mu_0}}{\pi\varepsilon_0}\ln\frac{d}{a} = \frac{1}{\pi}\sqrt{\frac{\mu_0}{\varepsilon_0}}\ln\frac{d}{a} = \frac{Z_0}{\pi}\ln\frac{d}{a} \tag{2.17}$$

で計算できる．ただし，Z_0は自由空間における波動インピーダンスである．このように，特性インピーダンスは，2本の導線間隔と導線の太さとの比で決まることがわかる．

2.2.3 平面線路

平面線路はプリント基板に構成できるため，通信機などの様々な無線システムに広く用いられている．平面線路にも，用途によって様々な伝送線路があり，これらを図2.1 (a) に示しており，以降で順に説明する．

マイクロストリップ線路は，プリント基板の裏面に地導体を，表面に一定線路幅の信号線を配線する簡易な構成となっているため，高周波回路などに，最もよく用いられる平面線路である．不平衡系の伝送線路であり，図2.8のように，信号線と地導体の間に電磁界が集中することにより，平面波が伝送する．ほとんどの電磁界が，信号線下部の誘電体内に集中して電磁波が伝搬するが，一部の電磁界が誘電体基板から自由空間へ漏れる．この漏れによって生じる特性の違いを**端部効果**という．この影響で，誘電体内と自由空間内との間の特性となり，平面波が伝搬する時の波長は，誘電体内を平面波が伝搬する波長と比べてやや長くなる．これは実効的な比誘電率が，誘電体基板の比誘電率よりもやや低くなるからに他ならない．この端部効果の大きさが，厳密には信号線金属パターンの厚さに依存するため，以下に示す実効比誘電率をはじめ，特性インピーダンス，位相定数も，金属パターンの厚さに依存する．しかし，低い周

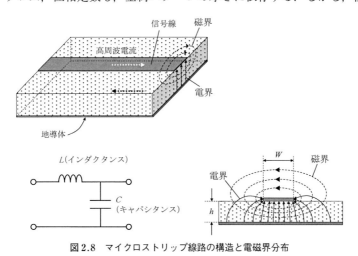

図 2.8　マイクロストリップ線路の構造と電磁界分布

波数では金属パターンの厚さの影響は小さいため，ここでは信号線の厚さは無視する．このとき，マイクロストリップ線路の**実効比誘電率** ε_e は，次式で表される．

$$\varepsilon_e = \frac{\varepsilon_r + 1}{2} + \frac{\varepsilon_r - 1}{2} \frac{1}{\sqrt{1 + \frac{12h}{W}}} \quad (2.18)$$

これより，**特性インピーダンス** Z_c は，基板厚 h に比較して信号線幅 W が狭い場合と広い場合とで区別して，次式で表される．

$$Z_c = \frac{60}{\sqrt{\varepsilon_e}} \ln\left(\frac{8h}{W} + \frac{W}{4h}\right) \qquad \left(\frac{W}{h} \leq 1\right) \quad (2.19)$$

$$Z_c = \frac{120\pi}{\sqrt{\varepsilon_e}} \left\{\frac{W}{h} + 1.393 + 0.667\ln\left(\frac{W}{h} + 1.444\right)\right\}^{-1} \quad \left(\frac{W}{h} \geq 1\right) \quad (2.20)$$

マイクロストリップ線路内を伝搬する電磁波の波長は，誘電体基板の比誘電率の代わりに，実効比誘電率によって波長短縮が生じるため，**基板内波長**は以下の式で表される．

$$\lambda_g = \frac{\lambda_0}{\sqrt{\varepsilon_e}} \quad (2.21)$$

それゆえ，**位相定数** β は，自由空間を伝搬する平面波の波数 k_0 と実効比誘電率 ε_e を用いて，次式で表される．

$$\beta = \frac{2\pi}{\lambda_g} = \frac{2\pi}{\lambda_0}\sqrt{\varepsilon_e} = k_0\sqrt{\varepsilon_e} \quad (2.22)$$

マイクロストリップ線路は，信号線の上方が自由空間となるため**放射損失**が生じる．また，誘電体内部を電磁波が伝搬するため**誘電体損失**も発生し，**導体損失**と合わせて**伝送損失**となる．このように伝送損失が大きいが，構造が単純で，プリント技術により製作できるため，低コストな伝送線路や高周波回路ができる点で有利である．以下，その他の平面線路について，図 2.1 (a) を参照しながら説明する．

ストリップ線路は，一般的には**トリプレート線路**とも呼ばれ，マイクロストリップ線路の上方にも地導体を配した誘電体基板を接合することで構成された伝送線路である．マイクロストリップ線路は，上方が自由空間であるので放射損が発生するのに対して，ストリップ線路は，上方にも地導体があるため，放射損がない．しかし，上下の地導体によって，後述する**平行板線路**を形成するため，分岐回路や曲がりなどの不連続構造があると，**平行板モード**が発生し，

漏れ損失が生じてしまう．これを避けるために，上下の地導体を，3章で示すスルーホールと呼ばれる短絡構造で，漏れを低減する方法が用いられる．

次に示す，コプレナ線路とスロット線路は，プリント基板の片面の金属パターンで構成される平面線路である．まずコプレナ線路の構造と電磁界分布を図2.9 (a) に示す．プリント基板の片面に，信号線と，その両側に，信号線から一定の間隔で構成された地導体からなる伝送線路である．信号線と地導体間のギャップの部分に電磁界が集中して平面波が伝送する．一方，プリント基板は金属板上に置かれることが多い．このとき，プリント基板が薄くて，プリント基板を設置した金属板が近いと，グランド付きコプレナ線路と呼ばれ，図2.9 (b) のように，上記コプレナ線路の伝送モードに加え，マイクロストリップ線路の伝送モードも混在して伝送する．この場合には，コプレナ線路の電磁界とマイクロストリップ線路の電磁界の両方を考慮して伝送特性を見積もらなければならない．しかし，集積回路への利用などのために配線が微細になり，配線に比べてプリント基板が厚いと，マイクロストリップ線路の伝送モードの影響は小さくなるため，図2.9 (a) のコプレナ線路の特性が支配的となる．次に示すスロット線路もプリント基板の片面に構成される伝送線路であるため，集積化する場合には同様のことがいえる．また，コプレナ線路もスロット線路も金属板上に置かれた場合には，ストリップ線路と同様，基板の両面の地導体間に平行板モードが伝搬するため，分岐回路や曲がりなどの不連続構造において平行板モードが発生しないよう，設計には注意が必要である．

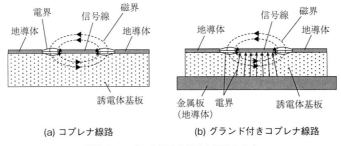

図2.9　コプレナ線路の構造と電磁界分布

2.3 導波管伝送線路

2.3.1 平行板線路

平行板線路は，2枚の導体板を，一定の間隔で並べて構成された伝送線路である．電磁波の偏波や導体板の間隔，励振方法によって異なるモードの電磁波が伝搬する．まず，導体板と垂直な向きの偏波では，磁界は導体板と平行に発生し，図2.10に示すように**平面波**（TEM波）が伝搬する．

一方，平面波が導体板に反射を繰り返しながら電磁波が伝搬するとき，反射の法則を満たすように入反射を繰り返しながら伝搬するため，平行板線路内を伝わる電磁波は，z軸に対して$+\theta$と$-\theta$の2つの対称な平面波の合成電磁界と考えることができる．このとき，電磁波の偏波に応じて，**TE波**と**TM波**が伝搬する．電界が導体板に平行な向きで伝搬するとき，磁界は伝搬方向成分を有するため，図2.11に示す電磁界分布のTE波となる．一方，磁界が導体板に平行な向きで伝搬するとき，電界は伝搬方向成分を有するため，図2.12に示す電磁界分布のTM波として，平行板線路内を電磁波が伝搬する．以上よ

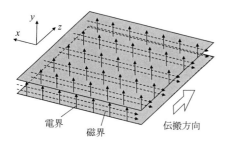

図2.10 平行板線路における平面波の伝送

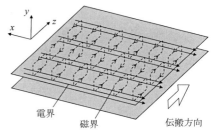

図2.11 平行板線路におけるTE波の伝送

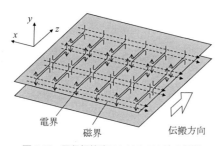

図2.12 平行板線路におけるTM波の伝送

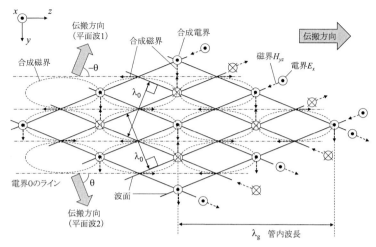

図 2.13 2 つの平面波の合成電磁界分布（TE 波）

り，平行板線路には，TE 波と TM 波と TEM 波が伝搬可能である．

TE 波の電磁界分布について，$\pm\theta$ 方向に伝搬する 2 つの平面波の合成電磁界から求める．2 つの平面波の波面を $\lambda_0/2$ 間隔で示した図を図 2.13 に示す．電界は x 成分だけを持ち，x 軸方向に振幅が最大の振れ幅になるラインと，常に振れ幅がゼロとなるラインが交互に現れる．磁界については，電界がゼロになるライン上で z 軸方向成分のみを持ち，電界が最大の振れ幅になるライン上で磁界は y 方向成分のみを持つ．それらの間の点をつなぐと，楕円状の磁力線が描かれる．磁界のみが伝搬方向成分を有するため，TE 波であることがわかる．平行板線路の導体板との位置関係は，導体表面における電界の接線成分がゼロとなる境界条件から，z 軸と平行な，電界が 0 となるライン上に，導体板が存在しうる．電界が 0 となるラインは，離散的に存在する．2 つの導体板の間に，楕円状の磁力線を m 個含む電磁界分布で伝搬するモード（姿態）を，TE_m モードと呼ぶ．TM モードについても，2 つの平面波の偏波を 90° 置き換えることにより，同様に考えて求めることができる．

2.3.2 方形導波管

導波管は，図 2.1(b) に示したように，断面が長方形の方形導波管と，円形の円形導波管がある．導波管はいずれも，全方向が金属で囲まれた一導体系伝送線路であるため，一様な平面波は存在しえない．このうち方形導波管は，

TE 波，TM 波が伝搬する平行板線路を，x 方向と y 方向に組み合わせた伝送線路と考えることができ，内部の電磁界分布も，両者の重ね合わせとして求めることができる．広壁幅 a，狭壁幅 b の方形導波管内部の電磁界分布は，図 2.11 および図 2.12 に示す TE 波と TM 波の電磁界分布が x 方向と y 方向に発生し，x 方向の広壁幅内に m 周期の分布が，y 方向の狭壁幅内に n 周期の分布が含まれる電磁界分布と考えることができる．これらの電磁界分布をそれぞれ，TE_{mn} モード，TM_{mn} モードと呼ぶ．

ここでは TE_{mn} モードの電磁界分布を求める．TE_{mn} モードは電界に伝搬方向成分を持たないので $E_z=0$ であり，z 方向の変化が $e^{-\gamma z}$ であるためその偏微分をとると $-\gamma$ が掛かることに注意すると，マクスウェルの方程式の成分の式は下記の通りとなる．

$$\gamma E_y = -j\omega\mu H_x \tag{2.23}$$

$$-\gamma E_x = -j\omega\mu H_y \tag{2.24}$$

$$\frac{\partial E_y}{\partial x} - \frac{\partial E_x}{\partial y} = -j\omega\mu H_z \tag{2.25}$$

$$\frac{\partial H_z}{\partial y} + \gamma H_y = j\omega\varepsilon E_x \tag{2.26}$$

$$-\gamma H_x - \frac{\partial H_z}{\partial x} = j\omega\varepsilon E_y \tag{2.27}$$

$$\frac{\partial H_y}{\partial x} - \frac{\partial H_x}{\partial y} = 0 \tag{2.28}$$

ただし，γ は**伝搬定数**であり，**位相定数** β と**減衰定数** α で $\gamma=\alpha+j\beta$ と表される．これらを整理して電磁界分布を H_z で表すと下記の通りとなる．

$$H_x = -\frac{\gamma}{k_c^2}\frac{\partial H_z}{\partial x} \tag{2.29}$$

$$H_y = -\frac{\gamma}{k_c^2}\frac{\partial H_z}{\partial y} \tag{2.30}$$

$$E_x = -\frac{j\omega\mu}{k_c^2}\frac{\partial H_z}{\partial y} \tag{2.31}$$

$$E_y = -\frac{j\omega\mu}{k_c^2}\frac{\partial H_z}{\partial x} \tag{2.32}$$

これらは**ヘルムホルツの方程式**を満たすので，その z 成分の式は下記となる．

$$\frac{\partial^2 H_z}{\partial x^2} + \frac{\partial^2 H_z}{\partial y^2} + k_c^2 H_z = 0 \tag{2.33}$$

ただし,
$$k_c^2 = \gamma^2 + k^2 \tag{2.34}$$
である.この微分方程式を,図2.14に示す導波管の導体壁面における次の境界条件の下で解く.
$$E_x(y=0, b)=0, \quad E_y=(x=0, a)=0, \quad E_z \equiv 0 \tag{2.35}$$
H_z が x の関数と y の関数で変数分離できるとすると,次式で表される.
$$H_z = X(x)Y(y) \tag{2.36}$$
これを式(2.33)に代入すると,
$$Y\frac{\partial^2 X}{\partial x^2} + X\frac{\partial^2 Y}{\partial y^2} + k_c^2 XY = 0 \tag{2.37}$$
両辺を XY で割ると,
$$\frac{1}{X}\frac{\partial^2 X}{\partial x^2} + \frac{1}{Y}\frac{\partial^2 Y}{\partial y^2} + k_c^2 = 0 \tag{2.38}$$
この式は X, Y についての恒等式だから,次の2つの式に分けることができる.
$$\frac{1}{X}\frac{\partial^2 X}{\partial x^2} = -k_x^2 \tag{2.39}$$
$$\frac{1}{Y}\frac{\partial^2 Y}{\partial y^2} = -k_y^2 \tag{2.40}$$
ただし,$k_c^2 = k_x^2 + k_y^2$ である.こうして x, y それぞれ1変数の微分方程式に分けられたので,これを解くと次の2式が得られる.
$$X = A \sin k_x x + B \cos k_x x \tag{2.41}$$
$$Y = C \sin k_y y + D \cos k_y y \tag{2.42}$$
それゆえ,H_z は,

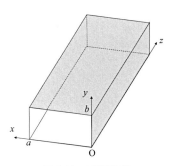

図2.14 方形導波管

$$H_z = (A \sin k_x x + B \cos k_x x)(C \sin k_y y + D \cos k_y y) \tag{2.43}$$

ただし，A, B, C, D は積分定数である．これらの積分定数と k_x, k_y を，導波管の金属壁面における境界条件式(2.35)を用いて求める．ところが境界条件は電界についての境界条件であるので，式(2.31)と式(2.32)を用いて電界の式を求め，これらに適用する．

$$\begin{aligned}E_x &= -\frac{j\omega\mu}{k_c^2}(A \sin k_x x + B \cos k_x x)\frac{\partial(C \sin k_y y + D \cos k_y y)}{\partial y} \\ &= -\frac{j\omega\mu}{k_c^2}(A \sin k_x x + B \cos k_x x)(Ck_y \cos k_y y - Dk_y \sin k_y y)\end{aligned} \tag{2.44}$$

$$\begin{aligned}E_y &= -\frac{j\omega\mu}{k_c^2}\frac{\partial(A \sin k_x x + B \cos k_x x)}{\partial x}(C \sin k_y y + D \cos k_y y) \\ &= -\frac{j\omega\mu}{k_c^2}(Ak_x \cos k_x x - Bk_x \sin k_x x)(C \sin k_y y + D \cos k_y y)\end{aligned} \tag{2.45}$$

式(2.44)に，境界条件 $E_x(y=0)=0$ を適用すると，
$$C = 0 \tag{2.46}$$
同じく，境界条件 $E_x(y=b)=0$ を適用すると，
$$Dk_y \sin k_y b = 0 \tag{2.47}$$
となり，n を整数として，下記の式となる．
$$k_y = \frac{n\pi}{b} \tag{2.48}$$
一方，式(2.45)に，境界条件 $E_y(x=0)=0$ を適用すると，
$$A = 0 \tag{2.49}$$
同じく，境界条件 $E_y(x=a)=0$ を適用すると，
$$Bk_x \sin k_x a = 0 \tag{2.50}$$
となり，n を整数として，下記の式となる．
$$k_x = \frac{m\pi}{a} \tag{2.51}$$

以上より，$BD = H_{mn}$ として H_z が求まり，これを式(2.29)から式(2.32)に代入することにより，すべての成分が求まる．すなわち，

$$H_z = H_{mn} \cos k_x x \cos k_y y \tag{2.52}$$

$$E_x = \frac{j\omega\mu k_y}{k_c^2} H_{mn} \cos k_x x \sin k_y y \tag{2.53}$$

$$E_y = -\frac{j\omega\mu k_x}{k_c^2} H_{mn} \sin k_x x \cos k_y y \tag{2.54}$$

$$E_z \equiv 0 \tag{2.55}$$

$$H_x = \frac{\gamma k_x}{k_c^2} H_{mn} \sin k_x x \cos k_y y \tag{2.56}$$

$$H_y = \frac{\gamma k_y}{k_c^2} H_{mn} \cos k_x x \sin k_y y \tag{2.57}$$

となり,導波管内を伝搬する TE_{mn} モードの電磁界分布の式が得られた.ただし,z 方向の変化 $e^{-j\beta z}$ がすべてにかかる.

TM_{mn} モードに関しても,TE_{mn} モードに対して偏波を直交させ,同様の手順で導出でき,下記の式で表される.

$$E_z = E_{mn} \sin k_x x \sin k_y y \tag{2.58}$$

$$E_x = -\frac{\gamma k_x}{k_c^2} E_{mn} \cos k_x x \sin k_y y \tag{2.59}$$

$$E_y = -\frac{\gamma k_y}{k_c^2} E_{mn} \sin k_x x \cos k_y y \tag{2.60}$$

$$H_x = \frac{j\omega\varepsilon k_y}{k_c^2} E_{mn} \sin k_x x \cos k_y y \tag{2.61}$$

$$H_y = -\frac{j\omega\varepsilon k_x}{k_c^2} E_{mn} \cos k_x x \sin k_y y \tag{2.62}$$

$$H_z \equiv 0 \tag{2.63}$$

a 遮断周波数と管内波長

各モードの伝搬特性に関しては,伝搬定数 γ によって表される.式(2.34)より,

$$\gamma = \sqrt{k_c^2 - k^2} = \alpha + j\beta \tag{2.64}$$

このとき,k_c と k の大小関係によって,伝搬特性を有するか減衰特性を有するかが決まる.$k_c < k$ のとき,根号の中身が負の値となるため,伝搬定数は純虚数となり,減衰定数 α よりも位相定数 β が支配的となり伝搬特性を有する.このとき,

$$\frac{2\pi f}{c} > \sqrt{k_x^2 + k_y^2} = \sqrt{\left(\frac{m\pi}{a}\right)^2 + \left(\frac{n\pi}{b}\right)^2} \tag{2.65}$$

$$f > \frac{c}{2\pi}\sqrt{\left(\frac{m\pi}{a}\right)^2 + \left(\frac{n\pi}{b}\right)^2} \tag{2.66}$$

ただし,c は光速である.このことから,導波管は,その寸法 a, b とモード

番号 m, n で決まる,ある特定の周波数よりも高い周波数でのみ伝搬することがわかる.右辺で表される,この境界となる周波数を**遮断周波数**という.

伝搬特性を有するとき,

$$\gamma = j\beta = \sqrt{k_c^2 - k^2} \tag{2.67}$$

であるので,式(2.64)に $\beta = 2\pi/\lambda_g$ を代入すると,

$$-\left(\frac{2\pi}{\lambda_g}\right)^2 = \left(\frac{m\pi}{a}\right)^2 + \left(\frac{n\pi}{b}\right)^2 - \left(\frac{2\pi}{\lambda_0}\right)^2 \tag{2.68}$$

$$\lambda_g = \frac{1}{\sqrt{\left(\frac{1}{\lambda_0}\right)^2 - \left\{\left(\frac{m}{2a}\right)^2 + \left(\frac{n}{2b}\right)^2\right\}}} > \lambda_0 \tag{2.69}$$

が得られ,これを**管内波長**と呼ぶ.これは,導波管の長手方向の電磁界の1周期分を表し,図2.13に示す長さとなる.中空導波管では,管内波長は必ず自由空間波長よりも長くなる.導波管内部に誘電体が満たされている場合には,比誘電率 ε_r を用いて,管内波長は以下の式で表される.

$$\lambda_g = \frac{1}{\sqrt{\frac{\varepsilon_r}{\lambda_0^2} - \left\{\left(\frac{m}{2a}\right)^2 + \left(\frac{n}{2b}\right)^2\right\}}} \tag{2.70}$$

b 位相速度と群速度

位相の情報が伝わる速度を**位相速度**,エネルギーが伝わる速度を**群速度**という.平面波ではこれらが等しいが,導波管では異なる.これを,図2.15を用いて,幾何学的に求める.自由空間を伝わる速度は光速 c である.平面波が線分 AC だけ伝わる間に,導波管の長手方向には,位相情報は線分 AB だけ伝わる.そのため,導波管を伝わる電磁波の位相速度は次式で表される.

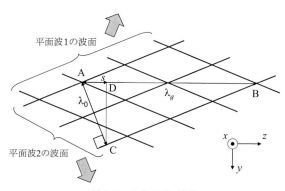

図2.15 エネルギー速度

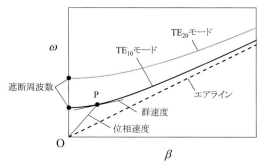

図 2.16 位相定数の分散特性で表される位相速度と群速度

$$v_p = c\frac{\lambda_g}{\lambda_0} > c \tag{2.71}$$

中空導波管の管内波長は自由空間波長よりも長いため，位相速度は光速よりも速くなる．一方，エネルギーは，平面波が線分 AC だけ伝わる間に，導波管長手方向成分である線分 AD しか伝わらない．線分 AD の長さ s は，直角三角形 ABC と ACD が相似である関係から，λ_0^2/λ_g であることがわかるから，**エネルギー速度**である群速度は以下の式で表される．

$$v_g = c\frac{s}{\lambda_0} = c\frac{1}{\lambda_0}\frac{\lambda_0^2}{\lambda_g} = c\frac{\lambda_0}{\lambda_g} < c \tag{2.72}$$

位相情報は光速よりも速く伝わる一方で，エネルギーは光速を越えることはない．群速度は，管内波長の波数 $\beta = 2\pi/\lambda_g$ によって，次式から求めることもできる．

$$v_g = \frac{1}{\partial \beta / \partial \omega} \tag{2.73}$$

図 2.16 に，位相定数の周波数特性である**分散特性**を示す．分散特性は，横軸に位相定数を，縦軸に周波数をとって表すのが一般的である．式 (2.73) より，群速度は位相定数の周波数特性の微係数の逆数であることから，着目点 P における接線の傾きである．一方，位相速度は，$v_p = \omega/\beta$ であることから，着目点 P と原点を結んだ直線の傾きである．周波数が低くなって遮断周波数に近づくに従い，位相速度は無限大に，群速度はゼロに近づく．一方，周波数が高くなるに従い，自由空間における平面波伝搬の光速を表す**エアライン**に近づく．

c 基本モード（TE$_{10}$モード）

導波管の寸法が決まると，遮断周波数はモード番号のみによって決まり，式

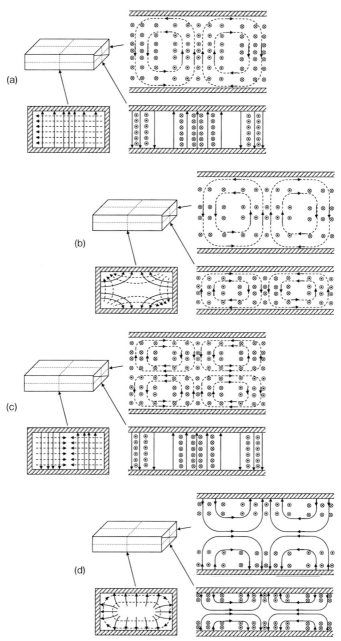

図 2.17　方形導波管内の TE_{10} モード (a) と方形導波管内の TE_{11} モード (b),
方形導波管内の TE_{20} モード (c) と方形導波管内の TM_{11} モード (d)

(2.66) より，モード番号が大きいほど遮断周波数は高くなる．狭壁幅 b よりも広壁幅 a の方が大きいため，$m=1$, $n=0$ の場合が最も遮断周波数が低い．最も遮断周波数が低いモードを**基本モード**という．次に低い遮断周波数までの間の周波数では，単一のモードのみが伝搬可能であることになる．通常はそのような状態で用いることが多いため，ここで遮断周波数が最も低い TE_{10} モードの場合について，これまで求めた電磁界分布とパラメータの式を，中空導波管に対して求めておく．まず，電磁界分布は，式 (2.52) から式 (2.57) に，$k_x=\pi/a$, $k_y=0$ を代入することで，次式のように求まる．

$$H_z = H_{10} \cos \frac{\pi}{a} x \tag{2.74}$$

$$E_x = 0 \tag{2.75}$$

$$E_y = -\frac{j\omega\mu a}{\pi} H_{10} \sin \frac{\pi}{a} x \tag{2.76}$$

$$E_z \equiv 0 \tag{2.77}$$

$$H_x = \frac{\gamma a}{\pi} H_{10} \sin \frac{\pi}{a} x \tag{2.78}$$

$$H_y = 0 \tag{2.79}$$

ただし，普段は省略しているが，z 方向の変化 $e^{-j\frac{2\pi}{\lambda_g}z}$ がすべてにかかる．このとき，中空導波管の管内波長は次式で計算できる．

$$\lambda_g = \frac{\lambda_0}{\sqrt{1-\left(\frac{\lambda_0}{2a}\right)^2}} \tag{2.80}$$

このとき，遮断波長および遮断周波数は，それぞれ，

$$\lambda_c = 2a \tag{2.81}$$

$$f_c = \frac{c}{2a} \tag{2.82}$$

となる．方形導波管の主なモードの電磁界分布を図 2.17 に示す．

2.3.3 円形導波管

円形導波管は，断面が円形の形状をした導波管であり，方形導波管と同様に，TE 波と TM 波の形態で電磁波が伝搬する．円形導波管内の電磁界分布も，導波管壁面では電界の接線成分がゼロとなる境界条件の下でマクスウェルの方程式を解くことで求められる．一般に，方形形状の境界条件の下で波動方

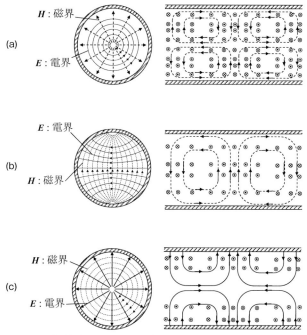

図 2.18 円形導波管内の TE_{01} モード (a) と円形導波管内の TE_{11} モード (b)，円形導波管内の TM_{01} モード (c)

程式を解くと正弦関数が得られるのに対し，円形形状の境界条件で波動方程式を解くと**円柱関数**とも呼ばれる**ベッセル関数**で解が得られる．円形導波管についても，半径方向の分布はベッセル関数で，方位角方向の分布は正弦関数で表される．ここでは，円形導波管で一般的な TE_{01} モード，TE_{11} モード，TM_{01} モードの電磁界分布について図 2.18 に示す．円形導波管について，遮断周波数が最も低い**基本モード**は，図 2.18 (b) に示す TE_{11} モードである．この電磁界分布は，方形導波管の基本モードである TE_{10} モードの電磁界分布を円形に変形した分布であることがわかる．

2.4 表面波線路

前節までに説明した伝送線路は，いずれも金属でできた伝送線路であった．しかし金属には抵抗があり，導電率が有限であるため，導体損が避けられない．そこで，誘電体も電磁波を閉じ込める性質を有するため，これを有効に活

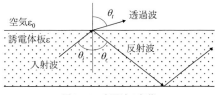

図 2.19　表面波の伝搬

用して伝送線路とした**誘電体線路**がある．これは，表面波線路の一種であり，導体損が発生しない伝送線路である．そこでまず，表面波線路について説明する．

図 2.19 に示すように，空気中（誘電率 ε_0）に誘電体板（誘電率 $\varepsilon = \varepsilon_r \varepsilon_0$）を置き，誘電体板側からその界面に，入射角 θ_i で平面波が入射したとき，入射角 θ_i がある角度以上で全反射する．この角度を**臨界角**といい，次式で表される．

$$\theta_c = \sin^{-1}\sqrt{\frac{\varepsilon_0}{\varepsilon}} \tag{2.83}$$

誘電体板の境界面に，誘電体の側から空気の側へ向かって，臨界角より大きい入射角で平面波が入射すると，反射の法則から，反射波も入射波と同じ角度で全反射するため，同じ角度で入反射を繰り返しながら，空気へ電磁波が漏れることなく伝搬する．これを**表面波**という．このような表面波は，図 2.20 に示すように，誘電体平板だけでなく，円柱誘電体，片面が金属板や金属柱である

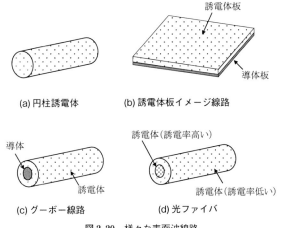

図 2.20　様々な表面波線路

誘電体板イメージ線路やグーボー線路などがある．中でも内側に高い誘電率，外側に低い誘電率の円柱誘電体を用いた光ファイバは，長距離伝送でも損失が小さい伝送線路として，海底ケーブルや住宅へのインターネットサービス回線など，様々な通信インフラに広く用いられている．そのように有効利用される一方で，プリント基板に構成されたアンテナから放射された電力の一部が，表面波としてプリント基板表面を伝搬し，隣接するアンテナや高周波回路への相互結合や，プリント基板の端部からの放射の原因となり，無線システムへの悪影響の原因にもなっている．

◇演習問題◇

2.1 信号線幅 W と基板厚 h の比 W/h が 2 となるマイクロストリップ線路について，プリント基板にフッ素樹脂基板（比誘電率 ε_r : 2.2）を用いたときの特性インピーダンス Z_c と実効比誘電率 ε_e を計算し，30 GHz における基板内波長を求めよ．

2.2 導波管内の TM モードの電磁界分布の式を導出せよ．

2.3 方形導波管 WR-34（広壁幅：8.6 mm，狭壁幅：4.3 mm）が，基本モードだけを伝送する周波数帯域を求めよ．

2.4 方形導波管 WR-34（広壁幅：8.6 mm，狭壁幅：4.3 mm）の内部が中空の時，30 GHz における TE_{10} モードの管内波長を求め，自由空間波長と比較せよ．また，管内波長が自由空間波長と等しくなるためには，いくらの誘電率の誘電体を導波管内に充塡する必要があるか求めよ．

2.5 式(2.73)を用いて，導波管の群速度の式(2.72)を導出せよ．

3 回路素子

様々な機能を有する高周波回路はすべて，様々な回路素子からなる．本章では，端子数の少ない1端子素子から4端子素子の順に，代表的な回路素子を示す．これらはそれぞれ，伝送線路の形状との相性で，実現しやすいものとしにくいものがあるので，その中でも対照的な構造を有する，マイクロストリップ線路と導波管を中心に，実現しやすい伝送線路を選んで構成した回路素子を示す．

3.1 終端素子（1開口素子）

3.1.1 開放／短絡

直線上に延びたマイクロストリップ線路の信号線を途中で切ると開放終端になる．これを図3.1 (a) に示す．マイクロストリップ線路の場合には，近接した信号線と地導体の間に電磁界が集中しているため，**端部効果**の原因となる電磁界の漏れは小さく，開放終端は容易に実現可能である．一方，導波管では，図3.2 (a) に示すように断面を開放すると，電磁波が放射してしまい，開放の反射係数である全反射の特性にならない．すなわち，導波管では理想的な開放

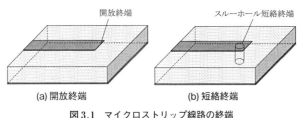

図3.1 マイクロストリップ線路の終端

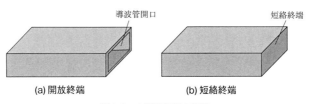

図3.2 方形導波管の終端

終端を作ることはできない．一方で，図3.2(b)に示すように，断面を金属板でふさぐことによって短絡を作ることは可能であるため，短絡に1/4管内波長の導波管を接続することで，特定の周波数に対して実効的な開放回路を実現することはできる．一方，マイクロストリップ線路で短絡を作るには，図3.1(b)に示すように，**スルーホール**と呼ばれる構造により実現する．スルーホールは，マイクロストリップ線路上の短絡したい箇所に，基板ごとドリルなどで穴を開け，内面に金属メッキをすることで，信号線と地導体を導通する金属柱である．開放終端は端部効果による，先端から電界の多少の漏れがあること，スルーホール短絡は金属柱に物理的な大きさを有することから，いずれの場合も，一般に，実効的な開放/短絡位置が物理的な形状と異なるため，実効的な開放/短絡位置を求めて設計する必要がある．

3.1.2 無反射終端

　短絡終端に損失媒質などを挿入するなどして，入力した高周波電力をすべて熱エネルギーに変換し，反射信号が戻らないように設計された回路を無反射終端と呼ぶ．マイクロストリップ線路の場合には，短絡終端の先端などの高周波電流の大きい箇所に，**チップ抵抗器**を実装するなどして，オーム損を積極的に利用することで無反射終端を実現する．しかし，高い周波数では，集中定数素子への電流経路が直流と異なったり，筐体のリアクタンスの影響が追加されたりすることで，集中定数素子の特性が直流と大きく異なる．そのため，減衰量の大きい無反射終端が必要な場合には，同軸線路や導波管の無反射終端を用いる．導波管を用いた無反射終端を図3.3に示す．長い三角形や長方形，円柱状の樹脂や，大電力ではセラミックスなどに，抵抗値の高いカーボンやニクロムなどを塗布した板状の**抵抗体**を，導波管内へ斜めに挿入する．挿入した抵抗体の表面は抵抗値が高いため，電磁波が照射されたときに発生する高周波電流に対して熱エネルギーに変換される．導波管無反射終端に入力された電磁波が導

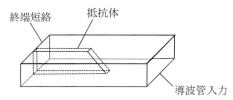

図3.3　導波管無反射終端

波管短絡から反射して戻ってくるまでに，抵抗体での反射を繰り返し，反射する度に減衰するため，全体として大きい減衰特性を実現する．この反射特性は，抵抗体の長さに大きく依存するが，形状については様々な形状の抵抗体が用いられている．

3.2　2端子素子（2開口素子）

3.2.1　短絡・開放スタブ，ラジアルスタブ

高周波回路には**整合回路**は必須である．任意の入力インピーダンスの高周波回路を，伝送線路の特性インピーダンスに整合するための無損失整合回路として，**スタブ**を用いるのが一般的である．無損失整合回路を実現するためのスタブには全反射の終端を用いるため，3.1節で説明した開放と短絡が用いられる．マイクロストリップ線路の開放スタブと短絡スタブを，それぞれ図3.4 (a)，(b)に示す．伝送線路の特性インピーダンスは一般に純抵抗なので，高周波回路とスタブの間隔，およびスタブの長さを調整することで，入力インピーダンスの実部が特性インピーダンスに等しく，虚部がゼロとなるように，整合回路が設計される．開放スタブと短絡スタブの入力インピーダンスはそれぞれ次式となるため，

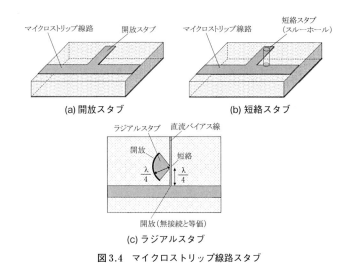

(a) 開放スタブ　　(b) 短絡スタブ

(c) ラジアルスタブ

図3.4　マイクロストリップ線路スタブ

$$Z_{os} = jZ_c \tan \beta l \tag{3.1}$$

$$Z_{ss} = -jZ_c \cot \beta l \tag{3.2}$$

いずれにおいても，長さを調整することにより，任意のリアクタンスを実現できる．それゆえ，用いている伝送線路の構造に応じて，3.1 節で述べたように，開放と短絡で作りやすい方を用いれば良い．その作りやすさから，マイクロストリップ線路では開放スタブが，導波管では短絡スタブが用いられる．

マイクロストリップ線路は開放系の伝送線路であるため，ダイオードやトランジスタなどを表面実装して，スイッチやアンプなどの回路を構成するのに適した伝送線路である．このような半導体素子を実装して回路を構成する場合，信号線を介して直流**バイアス**を加える場合がある．バイアス供給用の配線をマイクロストリップ線路に接続するとき，高周波特性に影響がないように配線する必要がある．図 3.4 (c) に，マイクロストリップ線路に直流バイアス線を配線したときのパターン配線図を示す．マイクロストリップ線路から直流バイアス線へ流れ込む電流が少なくなるように，マイクロストリップ線路の線幅を狭くし，高インピーダンスとする．さらにバイアス線において，マイクロストリップ線路への接続点から 1/4 波長の距離の位置に，1/4 波長の長さの**ラジアルスタブ**を接続する．ラジアルスタブの円弧部分は開放終端であるので，ラジアルスタブのバイアス線との接続点では等価的に短絡となり，さらに直流バイアス線のマイクロストリップ線路への接続点では高いインピーダンスの開放となり，何も接続されていないのと等価となる．このようにラジアルスタブを用いることで，直流バイアス線が，マイクロストリップ線路の高周波特性に影響しないようにすることができる．

3.2.2　インピーダンス変換

任意の複素数の入力インピーダンスに対する整合回路は，スタブを用いることで実現できることを前項で述べた．しかし，マイクロストリップ線路の幅変換など，インピーダンスの虚部がゼロで，実部の大きさのみを変換するには，スタブを用いなくても，**1/4 波長インピーダンス変成器**を用いることで実現できる．マイクロストリップ線路の場合のインピーダンス変成器の構造を図 3.5 に示す．高い側の特性インピーダンス Z_H と，低い側の特性インピーダンス Z_L を，次式で表される特性インピーダンス Z_M で 1/4 波長の長さのマイクロストリップ線路で接続することにより，インピーダンス整合することができる．

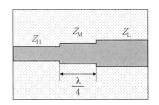

図3.5 マイクロストリップ線路インピーダンス変成器

$$Z_M = \sqrt{Z_H Z_L} \tag{3.3}$$

しかし，インピーダンス変成器の長さが波長で決まることから，特性には波長依存性（周波数依存性）を有する．例えば2倍の周波数では，インピーダンス変成器の長さが1/2波長となることから，インピーダンス変成器を接続していないのと同じ特性となり，効果は全くなくなる．これを回避するために，2段以上の複数段でインピーダンスを変換することで1段ごとのインピーダンスの不連続を小さくしたり，直線だけでなく広帯域化のためにフェルミ・ディラック分布関数など，様々な曲線を用いた**テーパ構造**が利用されたりしている．

3.2.3 ベンド

伝送線路の延びる方向を変化させたいとき，図3.6 (a) に示すように，半径の大きい弧を描いて曲げることにより，局部的に見ると直線に近いことから，反射せずに伝送線路の向きを変えることができる．しかし，これには大きいスペースを占有してしまうため，システムの大型化や，伝送損失の増大などの問題がある．そこで，直角あるいは任意の角度に曲げても反射が小さくなるように，コーナ部分に切り欠きを設ける構造が用いられている．マイクロストリッ

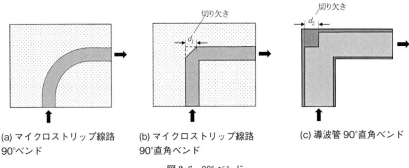

(a) マイクロストリップ線路 90°ベンド
(b) マイクロストリップ線路 90°直角ベンド
(c) 導波管 90°直角ベンド

図3.6 90°ベンド

プ線路の90°ベンドに，斜め45°の切り欠きを設けて整合をとった例を図3.6 (b) に，導波管の90°ベンドに直方体の切り欠きを設けて整合をとった例を図3.6 (c) に示す．いずれの場合も，切り欠きの大きさを調整することで，整合をとることができる．マイクロストリップ線路に正方形の切り欠きを，導波管に斜めの切り欠きを設けても整合をとることができる．正方形の切り欠きの大きさ d_2 は，おおよそ，導波管の幅の1/2くらいの大きさに設計することで整合できる．

3.2.4 スルーホール層間接続回路

高周波回路の小型化のために集積化が進められている．回路素子や配線が微細化されるだけでなく，3次元的な集積化が進められ，多層基板がよく用いられるようになってきている．異なる層の配線間の接続をするために，図3.7に示すようなスルーホール構造を用いた配線が行われる．表面の信号線と裏面の信号線が，2枚の誘電体基板の貼り合わせ面に構成された表裏共通の地導体とで，それぞれマイクロストリップ線路を構成し，両信号線が，地導体に開けられた円形の抜きパターンの中央に構成されたスルーホールによって接続される．スルーホールはインダクタンスとして作用するため，別途，整合回路が必要である．

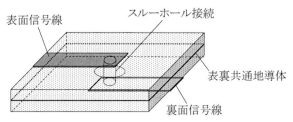

図3.7 表裏マイクロストリップ線路のスルーホール接続

3.2.5 フィルタ，DCカット

特定の周波数バンドの信号のみを透過させ，それ以外の周波数バンドの信号を通さない回路をフィルタという．透過させるバンドによって3種類あり，ある周波数以下の周波数だけを透過させるフィルタを**ローパスフィルタ**，ある周波数以上の周波数だけを透過させるフィルタを**ハイパスフィルタ**，ある特定のバンドのみを透過させるフィルタを**バンドパスフィルタ**という．これらの等価

回路は図3.8で示され，この回路を多段に接続すると，段数が増えるほど，優れた減衰特性を得ることができる．平面線路でフィルタを作る場合には，伝送線路上にチップ素子を実装する方法の他，これらの等価回路の特性を有する構造を伝送線路に形成する方法でも実現できる．

ローパスフィルタの例を図3.9 (a) に示す．信号線の幅が狭くなっているところでは，電流が狭いところに集中して流れて大きい磁束を発生させるので，シリーズのインダクタンスとして働く．そして，信号線幅が大きいところで

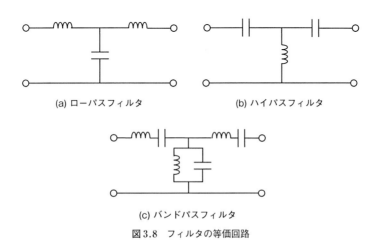

(a) ローパスフィルタ　　　(b) ハイパスフィルタ

(c) バンドパスフィルタ

図3.8　フィルタの等価回路

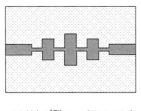

(a) はしご型ローパスフィルタ　　(b) 平行結合線路共振器
　　　　　　　　　　　　　　　　バンドパスフィルタ

(c) DC カット

図3.9　マイクロストリップ線路を用いたフィルタ

は，信号線と背面の地導体の間のキャパシタンスが増加し，シャントのキャパシタンスとして働く．これらは集中定数的に動作する必要があるので，それぞれの要素は 1/4 波長よりも十分に短い必要がある．それらが複数段，接続されることで，図 3.8 (a) の等価回路で示されるローパスフィルタを形成する．

図 3.9 (b) に示すバンドパスフィルタの例では，終端開放の伝送線路の間に，半波長の長さのマイクロストリップ線路共振器 3 本が，互いに 1/4 波長ずつ隣接して，電界結合および磁界結合し，バンドパスフィルタを形成している．

3.2.1 項のラジアルスタブの項で説明したように，マイクロストリップ線路にダイオードやトランジスタなどを実装し，信号線を介してこれらに直流バイアスを加える場合，その直流バイアスが，他の回路素子に印加されてほしくない場合がある．そのとき，図 3.9 (c) に示す DC カットを用いることにより，直流的には絶縁しつつ，高周波的に接続することができる．1/4 波長の長さのクランク型に信号線をカットすることにより，2ヶ所のカット部からの反射が逆相で打ち消され，整合特性が得られる．

3.2.6 アイソレータ

発振器の後段に接続された回路素子の反射波が発振器に戻ってくると，発振器の出力や発振周波数が不安定になるという問題がある．これを避けるために，発振器とその後段の回路素子との間にアイソレータを接続することで，問題を回避することができる．アイソレータは，片方向には電磁波が透過するが，逆方向には透過しない回路素子である．これは**非相反特性**であるため，**非可逆性**を有する特殊な材料が必要となる．そのため，導波管が用いられることが多く，導波管内に非可逆性を有する**フェライト**などの**磁性体**を挿入することで実現されている．

3.3　2 分岐・切り替えスイッチ（3 開口素子）

3.3.1　2 分岐回路

伝送線路を伝送する高周波信号を 2 つの伝送線路に分配するには，2 等分配器が必要になる．マイクロストリップ線路の電力を 2 等分配する回路を図 3.10 に示す．出力側の線路に入力側の線路を直角に接続する分配器を **T 型 2 等**

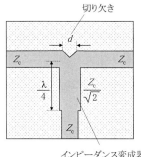
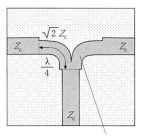

(a) T型2等分配器　　　　　　　　(b) Y型2等分配器
（分岐前にインピーダンス変成器）　（分岐後にインピーダンス変成器）

図3.10　インピーダンス変成器で整合されたマイクロストリップ線路2等分配器

分配器，弧を描くように接続する回路を **Y型2等分配器** と呼ぶ．出力側の2つの伝送線路は並列接続であるため，合成のインピーダンスは1/2になる．入力側も出力側も同じ特性インピーダンスで系を組むときには，**インピーダンス変成器** により，インピーダンス整合の必要がある．2等分配器でインピーダンス整合する方法は2つあり，分配手前の1本の伝送線路側にインピーダンス変成器を接続する方法と，分配後の2本の伝送線路側にインピーダンス変成器を接続する方法である．ここでは，T型2等分配器には前者を，Y型2等分配器には後者を適用した例を，それぞれ図 3.10 (a) と (b) に示す．図 3.10 (a) に示す T型2等分配器では，出力側の2本のマイクロストリップ線路の接続部に切り欠きを設けると同時に，Z_c から，並列接続して半分になるインピーダンス $Z_c/2$ にインピーダンスを変換して整合をとっている．一方，図 3.10 (b) に示す Y型2等分配器では，出力側のマイクロストリップ線路の向きは限定されないので，配線の自由度が高い．図 3.10 (a) では，並列接続で 1/2 となるインピーダンスと整合するため変成器のインピーダンスは $1/\sqrt{2}$ 倍であったが，図 3.10 (b) では，並列接続すると 1/2 になるインピーダンスをあらかじめ2倍に高める設計となるため，分岐後に接続されているインピーダンス変成器の特性インピーダンスは $\sqrt{2}$ 倍と高くなる．その結果，線幅が細くなり，配線レイアウトがしやすい長所がある．以上に示した T分岐，Y分岐とも，どちらの変成器の接続方法でも整合をとることができる．

一方，2等分配器を，非等分配する場合には，分配先を非対称にする必要があるため，図 3.10 (b) で用いた分岐先の線路に変成器を接続する方法が必須

となる．以下に，所望の分配比としながら，整合をとる方法を示す．非対称分岐回路の等価回路を図 3.11 (a) に示す．マイクロストリップ線路では並列回路であるため，分岐点において電圧が共通である．そのため，分配電力比は，分岐点から各伝送線路側を見たインピーダンス R_1, R_2 を用いて，図 3.11 (b) に示す等価回路より，次式で表される．

$$P_1 : P_2 = \frac{V^2}{R_1} : \frac{V^2}{R_2} = R_2 : R_1 \tag{3.4}$$

すなわち分配比は，分岐点から見込んだインピーダンスに反比例する．所望の分配比を $1 : t$ とすると，伝送線路 1 側のインピーダンスを R_1 として，R_2 は次式となる．

$$R_2 = \frac{R_1}{t} \tag{3.5}$$

R_1 と R_2 は並列回路なので，合成インピーダンスが特性インピーダンス Z_c と等しくなって整合するためには，式 (3.5) を用いて，

$$\frac{1}{R_1} + \frac{1}{R_2} = \frac{1}{R_1} + \frac{t}{R_1} = \frac{1}{Z_c} \tag{3.6}$$

$$R_1 = Z_c(t+1) \tag{3.7}$$

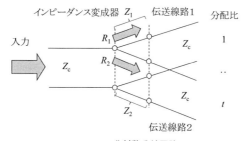

(a) 非対称分岐回路

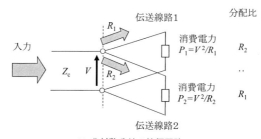

(b) 非対称分岐の等価回路

図 3.11 非対称分岐の整合回路設計

さらに式(3.7)を式(3.5)に代入すると，

$$R_2 = Z_c\left(1+\frac{1}{t}\right) \tag{3.8}$$

伝送線路1と2を見込んだインピーダンスがこれらに等しくなるためには，次の特性インピーダンスを持つインピーダンス変成器を接続することで，$1:t$の分配比で，かつ整合のとれた非対称2分配回路を実現することができる．

$$Z_1 = Z_c\sqrt{t+1} \tag{3.9}$$

$$Z_2 = Z_c\sqrt{1+\frac{1}{t}} \tag{3.10}$$

3出力以上の分配回路についても，分配比がインピーダンスに反比例する関係を用いて，同様の方法で設計することができる．

　上記の2等分配器は，**相反性**から，2つの出力端子から同相同振幅で入力されたときにのみ全電力が入力端子に出力されるが，片側の出力端子からの入力に対しては**アイソレーション（分離度）**が低く，整合がとれていない．無損失回路の場合，その散乱行列は**ユニタリ性**を有するが，無損失な3端子回路で，3端子とも整合をとることは原理的にできないことが知られている．この事実を考慮して，実装した抵抗によって損失が生じることを許容して，3端子とも整合がとれる電力分配器として，**ウィルキンソンカップラ**がある．マイクロストリップ線路で構成した時の配線図を図3.12に示す．特性インピーダンスZ_cの入力端子から，特性インピーダンス$\sqrt{2}Z_c$，長さ1/4波長の2本のマイクロストリップ線路に接続し，その終端が$2Z_c$のチップ抵抗を介して接続され，そ

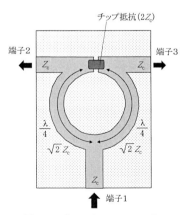

図3.12　ウィルキンソンカップラ

れぞれ出力端子に接続される．このときの散乱行列は下記で示される．ただし，入力端子を端子1とし，出力端子を端子2，3とする．

$$\begin{pmatrix} 0 & -j\dfrac{1}{\sqrt{2}} & -j\dfrac{1}{\sqrt{2}} \\ -j\dfrac{1}{\sqrt{2}} & 0 & 0 \\ -j\dfrac{1}{\sqrt{2}} & 0 & 0 \end{pmatrix} \qquad (3.11)$$

すなわち，3端子とも反射はなく，出力端子間のアイソレーションも0である．入力端子から出力端子へは，同振幅・同相で，無損失に2分配される．

3.3.2　SPDT（single-pole, double-throw），移相器，SP3T

高周波電力を2分配する回路について述べてきたが，出力端子が2つあり，伝える方向を切り替える機能を有する回路が，**高周波スイッチ**である．出力端子数に応じて SPST（single-pole, single-throw），SPDT（single-pole, double-throw），SP3T，SP4T，……がある．1入力，2出力の高周波スイッチ（SPDT：single-pole, double-throw）をマイクロストリップ線路に適用した回路を図3.13に示す．**PINダイオード**を介して，3つの端子を接続する．PINダイオードは，順方向バイアスをかけると短絡し，逆方向バイアスをかけるかバイアスなしだと開放する．図3.13のように，端子2から1へ向かう方向と，端子1から3へ向かう方向へ順方向バイアスとなるようにPINダイオードを接続すると，端子1の電位を高くすると，端子3側のPINダイオードが順方

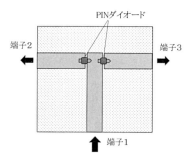

図3.13　1入力2出力マイクロストリップ線路高周波スイッチ
（SPDT：single-pole, double-throw）
ビームリードPINダイオードでは，端子の形状でバイアス方向を示す．
図では2つとも右方向が順方向バイアスの向きである．

向バイアスとなって導通し，端子2側のPINダイオードは逆方向バイアスとなって開放されたままとなる．その結果，端子1から入力した高周波信号は，端子3に出力して端子2には出力しない．端子1の電位を負にすると，端子2に出力して端子3には出力しない．このように，直流バイアスにより高周波信号の行き先を制御できる高周波スイッチを実現できる．また，PINダイオードを二段，三段と段数を増やすことにより，挿入損失は増えるが，OFFポートの出力に対するONポートの出力である**ON/OFF比**を高めることができる．

SPDTを用いて移相器を構成することができる．その例を図3.14に示す．線路切り替え型の**デジタル移相器**であり，PINダイオードの端子になっている線路へのバイアスを切り替えることで，長い線路と短い線路を切り替えることができ，透過位相量を離散的に変化できる．図3.14は4ビットの移相器を示しており，$2^4=16$の種類の位相量を実現できる．

端子数を増やすことによって，切り替え方向の多い高周波スイッチを実現することができる．異なる伝送線路を用いた例として，図3.15に，**フィンライン**を用いた1入力3出力のSP3T高周波スイッチの構成例を示す．フィンラインは，図2.1(a)に示したように，プリント基板が導波管の広壁中央の面で挟まれた構造となっている．プリント基板を介して電磁波が漏れないように，導波管壁から1/4波長の位置で金属筐体を彫り込む**チョーク構造**を用いるのが一般的である．これにより開放回路となり，導波管壁の位置で等価的に短絡として働き，導波管の外部へ電磁波が漏れるのを防ぐことができる．さらに，4つの端子へ導波管を接続できるように，金属パターンにテーパ構造を設けることで，導波管のモードからフィンラインのモードへの変換が行われる．フィンラインのモードになると，ほとんどの電磁波はプリント基板上の金属パターンの

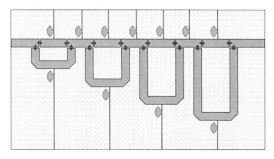

図3.14　SPDTを用いて構成された4ビット移相器

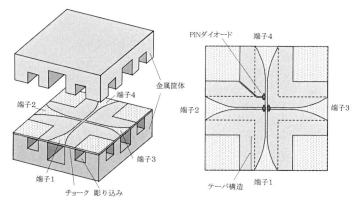

図 3.15 フィンライン高周波スイッチ（SP3T：single-pole, 3-throw）

ギャップに集中するため，ここに PIN ダイオードを実装することで，電磁波の透過を制御できる．端子 2 と 3 にそれぞれ端子を短絡するように PIN ダイオードを接続する．分岐部から離して接続すると，PIN ダイオードの短絡時に短絡スタブとして働くため，できるだけ分岐部に近づけて実装する．端子 2 と 3 へ PIN ダイオードを分岐に接して実装すると干渉してしまい，端子 4 へは端子を短絡するように PIN ダイオードを実装できない．そこで，分岐箇所から 1/4 波長の位置に，スリットを設け，それを横切るように PIN ダイオードを実装する．こうすることで，ダイオードが導通状態の時は，端子 4 は通過し，ダイオードが開放状態の時には，ダイオードの接続箇所でハイインピーダンスとなって開放状態となり分岐箇所では短絡として働く．さらにこれらのダイオードの段数を増やすことで，挿入損失は増えるが，ON/OFF 比を高めることができる．

3.4　4 開口素子

3.4.1　ブランチラインハイブリッドカップラ

3.3 節で説明した分配回路は同位相で給電する分配器であったが，ブランチラインハイブリッドカップラでは 90°の位相差を設けて分岐することができるため，2 点給電の円偏波アンテナの給電回路などによく用いられる．構造を図 3.16 に示す．特性インピーダンス Z_c の伝送線路の系に対して，端子 1 と 2，および 3 と 4 を接続する伝送線路は，$Z_c/\sqrt{2}$ の特性インピーダンスで 1/4 波長

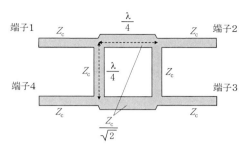

図 3.16　ブランチラインハイブリッドカップラ

の長さの伝送線路であり，端子 1 と 4，および 2 と 3 を接続する伝送線路は，特性インピーダンス Z_c で 1/4 波長の長さで接続する．このように接続すると，端子 1 から入力したときに，端子 2 と端子 3 へ等分配で出力される．このときの散乱行列を式 (3.12) に示す．この回路は無損失であるため**ユニタリ性**を有する．

$$-\frac{1}{\sqrt{2}}\begin{pmatrix} 0 & j & 1 & 0 \\ j & 0 & 0 & 1 \\ 1 & 0 & 0 & j \\ 0 & 1 & j & 0 \end{pmatrix} \tag{3.12}$$

端子 1 から入力したとき，端子 2 と 3 は経路差が 1/4 波長であるため 90°の位相差が生じ，端子 4 への出力は，端子 1 と 4 を結ぶ伝送線路を通る経路と，端子 2 と 3 を結ぶ伝送線路を通る経路とで，1/2 波長の行路長差があるため，両者は逆相となり打ち消し合う．従って，端子 4 は端子 1 に対してアイソレーションポートとなり，端子 1 から入力したとき，端子 4 には出力しない．4 つの端子を結ぶ 1/4 波長の伝送線路のインピーダンスを変更することによって，端子 2 と 3 への出力分配比を制御することができる．

3.4.2　導波管方向性結合器

ハイブリッドカップラは 1/4 波長伝送線路で構成されているため波長依存性を有し，動作周波数帯域幅が狭い．主伝送線路と副伝送線路の間の結合部 1 つあたりの結合を弱め，その代わりに数を増やすことで必要な結合度を確保する多孔導波管方向性結合器を図 3.17 に示す．主導波管と副導波管が近接して平行に延びている部分に，両者を結合する偶数個の結合スロットを 1/4 波長の間隔で配列する．偶数個の結合スロットを 1/4 波長間隔で配列することにより，

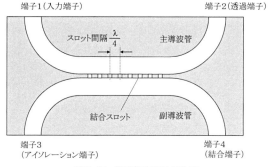

図3.17 導波管方向性結合器

入力端子へ戻る反射波も，アイソレーションポートへ伝わる透過波も，ともにすべての波が同振幅逆位相でキャンセルされる．また，結合スロットの個数を増やすことで，1つあたりのスロットの結合量が小さくなると同時に反射量も小さくなるため，反射やアイソレーションのレベルが低減できる．

3.4.3　ラットレースハイブリッドカップラ

3.4.1項で，ブランチラインハイブリッドカップラについて紹介した．これは2つのポートへ90°の位相差を与えて分岐する2分配回路であった．ラットレースハイブリッドカップラは，2つのポートへ180°の位相差を与えて分岐する2分配回路である．プリント基板にマイクロストリップ線路で構成したラットレースハイブリッドカップラを図3.18に示す．ポート1，2間，2，3間，3，4間は，1/4波長間隔で，ポート1，4間は3/4波長間隔である．このとき，ポート1から信号を入力すると，ポート2へは右回りの経路と左回りの経路でちょうど1波長の経路差となるため，同相となり出力が得られる．ポート3へ

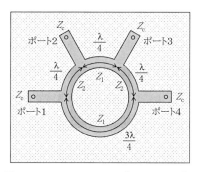

図3.18 ラットレースハイブリッドカップラ

は半波長の経路差になるため,逆相となり出力が得られない.ポート4へは等距離になるため同相となり出力が得られる.また,ポート2とポート4へは,半波長の経路差があるため,出力信号は180°の位相差となる.その特性を散乱行列で表すと次式となる.この回路は無損失であるため**ユニタリ性**を有する.

$$-\frac{j}{\sqrt{2}}\begin{pmatrix} 0 & 1 & 1 & 0 \\ 1 & 0 & 0 & -1 \\ 1 & 0 & 0 & 1 \\ 0 & -1 & 1 & 0 \end{pmatrix} \quad (3.13)$$

ポートの特性インピーダンスZ_cに対して,円形のマイクロストリップ線路の特性インピーダンスが$\sqrt{2}$倍の時に等分配でポートへの整合がとれ,ポート2,3間,ポート1,4間の線路のインピーダンスZ_1と,ポート1,2間,ポート3,4間のインピーダンスZ_2を調整することにより,ポート間の分配比を変えることができる.

3.4.4 マジックティー

導波管を用いて,ラットレースハイブリッドカップラと同様の180°の位相差を与えて分岐する回路がマジックティーである.ポート3から信号を入力すると,ポート4は電磁界が直交しているため結合しない.その結果,直交する2つの導波管の磁界が同一面となって2分配するH面T分岐と等価となり,ポート1とポート2に同相で分配される.一方,ポート4から信号を入力すると,ポート3は電磁界が直交しているため結合しない.その結果,直交する2

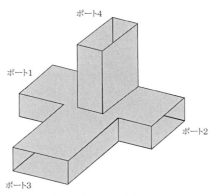

図3.19 マジックティー

つの導波管の電界が同一面となって2分配するE面T分岐と等価となり，ポート1とポート2に逆相で分配される．この特性を散乱行列で表すと次式となる．この回路は無損失であるため**ユニタリ性**を有する．

$$\frac{1}{\sqrt{2}}\begin{pmatrix} 0 & 0 & 1 & 1 \\ 0 & 0 & 1 & -1 \\ 1 & 1 & 0 & 0 \\ 1 & -1 & 0 & 0 \end{pmatrix} \qquad (3.14)$$

3.5　モード変換素子

異なる伝送線路間を接続する伝送モード変換回路を示す．異なる伝送線路では伝送モードの電磁界分布が異なる．これらが互いに強く結合するように，同じ向きとなると同時に，不要なモードが発生しないように接続する必要がある．

3.5.1　バラン

平衡線路と不平衡線路を接続するのに，**バラン（平衡不平衡変換回路）**が必要となる．アンテナの給電にバランを用いた例を図3.20に示す．平衡線路である平行二線線路からなる**ダイポールアンテナ**を，不平衡線路である同軸線路で給電すると，外導体の外の面に電流が流れて再放射し，ダイポールアンテナ本来の特性と異なった特性となってしまう．高い周波数で用いられるバランとして，**シュペルトップバラン**がよく用いられる．1/4波長の長さの円筒導体で同軸ケーブルを覆うと円筒型の平行板線路となり，下端を同軸線路の外導体に短絡すると，1/4波長だけ上方の上端では実効的に開放と等価となり入力イン

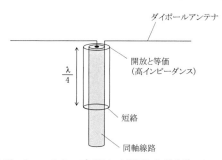

図3.20　シュペルトップバランで給電したダイポールアンテナ

ピーダンスが高くなる．その結果，同軸ケーブルの外導体の外側の面には電流が流れなくなる．高い周波数ではこの構造は小さくできるが，低い周波数では1/4 波長が長くなり，構成が現実的でなくなる．その場合には，**フェライトコア**に同軸線路を通すことにより，**漏洩電流**を減らす方法がとられている．

3.5.2　マイクロストリップ線路-コプレナ線路変換

　マイクロストリップ線路に直接，信号を入力して測定をする場合，プローバステーションという装置を用いる．これは，コプレナ線路の中央信号線，両側地導体の端子からなるプローブを用い，直接，基板の上方から金属パターンに接触する．このとき，プリント基板のパターンはコプレナ線路である必要があるため，マイクロストリップ線路-コプレナ線路変換器が必要となる．その構造を図 3.21 に示す．マイクロストリップ線路の開放終端の両側にコプレナ線路の地導体を置く．このとき，コプレナ線路の特性インピーダンスが，マイクロストリップ線路の特性インピーダンスと一致するように，コプレナ線路の幅と地導体との間隔を設計する．さらに，マイクロストリップ線路の電気力線は信号線と背面の地板との間に発生しているのに対し，コプレナ線路の電気力線は信号線と，共平面の地導体との間に発生しているため，コプレナ線路の地導体とマイクロストリップ線路の地導体を同電位とする必要があり，両者をスルーホールで接続する．これによって，マイクロストリップ線路とコプレナ線路の伝送モード変換が可能となる．

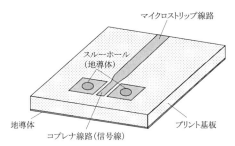

図 3.21　マイクロストリップ線路グランド付きコプレナ線路変換

3.5.3　同軸-導波管変換

　同軸線路と導波管の変換器は，導波管の広壁に，同軸線路の外導体内径の大きさの穴を開け，導波管筐体と同軸線路の外導体を隙間なく半田付けなどで導

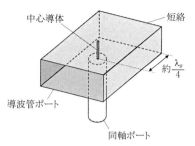

図 3.22 同軸導波管変換

通させて，同軸線路の中心導体を導波管内部に挿入した構造である．導波管の TE_{10} モードの磁力線と，アンペアの法則によって中心導体に流れる電流が励振する磁力線が結合するように，導波管の短絡から約 $\lambda_g/4$（λ_g：導波管の管内波長）の位置に中心導体が配置される．導波管内の電磁界分布は一様ではないためインピーダンスも位置によって異なる．導波管の特性インピーダンスは空間の波動インピーダンスに近く，高い値であるため，同軸ケーブルの特性インピーダンスと合わせるために，導波管の中心軸から狭壁側へずらして置く方法が用いられる．また，リアクタンスの調整のために，プローブの長さの調整だけでなく，プローブの先端にキャップを設けたり，同軸ケーブルの支持材も導波管内に挿入したり，対向する広壁面にネジを挿入したりするなどして，整合をとる方法が用いられている．

3.5.4 マイクロストリップ線路-導波管変換

導波管とマイクロストリップ線路の変換も，同軸-導波管変換の原理と同様に，終端短絡の導波管の短絡位置から約 $\lambda_g/4$ のところに，マイクロストリップ線路の信号線を挿入する構造である．構造を図 3.23 に示す．プリント基板に対してその構造を実現するために，プリント基板を置く金属板に，導波管開口を開けて，その上面にプリント基板を置く．プリント基板の背面には，マイクロストリップ線路の地導体である全面金属のパターンに，導波管と同じ大きさの金属の抜けパターンを設ける．表面には，マイクロストリップ線路の信号線を，導波管内部へ挿入する．表面には導波管の周囲にのみ地導体を残し，基板に構成された平行平板モードの電磁界が漏れないように，導波管の外周に沿って，表裏の地導体をスルーホールで短絡する．プリント基板の上方には，信号線の位置が導波管短絡から約 $\lambda_g/4$ となるように，導波管バックショートを

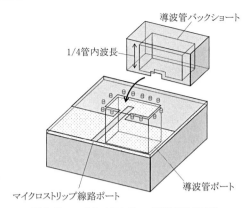

図 3.23 マイクロストリップ線路導波管変換

載せ，ネジ留めするなどして固定する．この場合に関しても，信号線の挿入長を調整したり，信号線の挿入位置を導波管広壁中央からずらしたりするなどのインピーダンス整合方法が用いられている．

◇演 習 問 題◇

3.1 2, 4, 5 端子素子の場合には，無損失整合回路が実現できるのに，3 端子の場合には原理的に実現できない理由について，散乱行列を使って考えよ．

3.2 図 3.24 に示すように，入力ポートに入力した電力を，2 つの出力ポート①，②へ，異なる割合 2:3 で分配し，かつ整合する 2 分配器を設計せよ．ただし，$\lambda_g/4$ インピーダンス変成器 Z_{01}, Z_{02} 以外の伝送線路の特性インピーダンスはすべて 50 Ω，管内波長を λ_g とする．

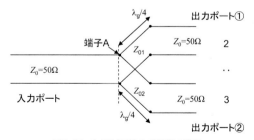

図 3.24 無反射不等 2 分配器の設計

4 共振器

本章では，前章までに説明してきた伝送線路によるマイクロ波帯共振器とその応用について説明する．共振回路の基本的な性質について整理し，共振回路の性能を表す Q 値の考え方を説明した後，分布定数線路共振器，空洞共振器について概説する．また，これらの共振器を結合させたマイクロ波フィルタの設計方法や周期構造伝送線路についても解説する．

4.1 共振回路の性質

共振回路とは等価的なものも含めてインダクタ，キャパシタ，および信号の入出力端子からなり，特定の周波数において端子から回路を見たイミタンス（インピーダンスあるいはアドミタンス）が鋭敏に変化する回路を指す．この性質はフィルタや発振器など，広く応用されている．ここではまず共振回路の基礎について整理する．

図 4.1 (a) の集中定数 R, L, C からなる直列回路の入力インピーダンス Z_in は

$$Z_\mathrm{in} = R + j\omega L + \frac{1}{j\omega C} = R + j\left(\omega L - \frac{1}{\omega C}\right) \tag{4.1}$$

と表される．いま，回路定数一定で周波数 ω を変化させた場合に，入力インピーダンスが純抵抗になるとき，この回路は周波数 $\omega = \omega_0$ で共振し，このときの $\omega_0 = 2\pi f_0$ を共振周波数と呼んでいる．そして入力インピーダンスの虚部がゼロとなる条件から

$$\omega_0 = 2\pi f_0 = \frac{1}{\sqrt{LC}} \tag{4.2}$$

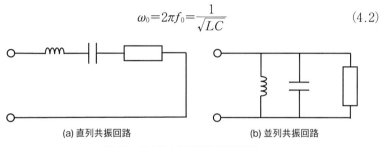

(a) 直列共振回路　　　　　　　(b) 並列共振回路

図 4.1　基本的な共振回路の等価回路

となる．このように，共振周波数は L, C の積を用いて表現できる．同様に図 4.1 (b) の並列共振回路において入力アドミタンス Y_in は

$$Y_\text{in} = \frac{1}{R} + \frac{1}{j\omega L} + j\omega C = G + j\left(\omega C - \frac{1}{\omega L}\right) \tag{4.3}$$

と表せ，入力アドミタンスが純コンダクタンス $G = 1/R$ となる周波数 $\omega = \omega_0$ で共振し，やはり共振周波数は式(4.2)で表すことができる．ここまでの話は高校物理の教科書にも示されており，共振回路を考える際の基礎知識といえる．回路が共振するためには回路中に等価的なものも含めた L, C が存在する必要があるが，その共振周波数は必ず L, C の積でのみ決まるわけではない．ここで図 4.2 のような直並列回路について考えてみる．

この回路の入力インピーダンス Z_in は

$$Z_\text{in} = j\omega L + \frac{1}{\frac{1}{R} + j\omega C} \tag{4.4}$$

と表せ，この式に共振条件を適用して共振周波数を求めると，

$$\omega_0 = \sqrt{\frac{1}{LC} - \frac{1}{C^2 R^2}} \tag{4.5}$$

となる．また，この共振周波数における入力インピーダンス $Z_\text{in}(\omega_0)$ は

$$Z_\text{in}(\omega_0) = \frac{L}{CR} \tag{4.6}$$

と表すことができる．これらの式より，回路の構成によっては共振時における入力インピーダンスは純抵抗とならず，共振周波数も L, C の積だけでは決まらないことがわかる．式(4.5)では損失 R の存在によって共振周波数が低下することを意味している．このように，物理的な構造によって実現された共振器を集中定数素子からなる共振回路としてモデル化する場合には，等価回路の構造が適当かどうかを考える必要がある．

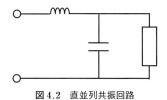

図 4.2　直並列共振回路

4.2 共振回路の Q 値

共振回路をコンポーネントの一つとして使用するとき，その用い方には大きく2通りある．それぞれを図 4.3 に示す．

図 4.3 (a) は共振回路を終端回路として使用するもので，反射係数が周波数に対して急峻に変化する特性を利用する．一方，図 4.3 (b) は一方から入力された信号を，共振回路を通じてもう一方へ伝える使い方で，こちらは透過係数の急峻な変化を利用することになる．図 3.9 で示したフィルタなどが一般的な応用例である．図 4.3 に示した共振回路から見ると，外部の回路は負荷とみなせるためどちらの場合においても図 4.4 の閉じた回路として系を考える必要がある．

ただし，Z_{ex} は，図 4.3 (a) においては共振器から左を見た外部回路のインピーダンス，図 4.3 (b) では共振器から左右の外部回路の合成インピーダンスを表している．共振回路の特性はこの外部回路のインピーダンス，あるいはアドミタンスによって大きく影響を受けることになる．

共振回路は周波数の微小変化に対するイミタンスの変化量が大きいほど共振回路としての性能は高くなり，周波数の選択性が向上する．この性能を表す評価量が Q 値（quality factor）である．共振器やフィルタでは Q 値が高いものが望まれ，増幅器やアンテナなどで広帯域特性が求められる場合には比較して

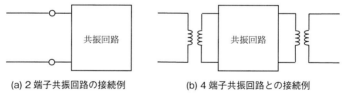

(a) 2 端子共振回路の接続例　　(b) 4 端子共振回路との接続例

図 4.3 共振回路と外部回路との接続

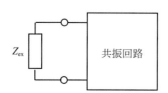

図 4.4 共振回路と外部回路との接続

低い Q 値が求められる．いずれにせよ，共振回路の Q 値を把握することがコンポーネントの高性能な設計につながる．Q 値の考え方にはいくつかあることが知られていて，方法は異なるが得られる値という観点では違いはない．

では，ここまでの説明をふまえて前節の図 4.1 (b) の並列共振回路を例に物理的にエネルギーの観点から Q 値を考える．並列共振回路に負荷 Y_0 を接続した図 4.5 の共振系において，共振回路の両端電圧を v とおくと，次の微分方程式が成り立つ．

$$C\frac{d^2v}{dt^2}+(G+Y_0)\frac{dv}{dt}+\frac{1}{L}v=0 \qquad (4.7)$$

この微分方程式の解は次のように表せる．

$$v=\sqrt{2}\,V_0 e^{-(\sigma+j\omega)t} \qquad (4.8)$$

$$\sigma=\frac{G+Y_0}{2C} \qquad (4.9)$$

$$\omega=\sqrt{\frac{1}{LC}-\left(\frac{G+Y_0}{2C}\right)^2} \qquad (4.10)$$

ここで，$\omega_0=1/\sqrt{LC}$ とし，$Q_l=\omega_0 C/(G+Y_0)=\omega_0/(2\sigma)$ なる量を定義して表すと

$$\omega=\omega_0\sqrt{1-\left(\frac{1}{2Q_l}\right)^2} \qquad (4.11)$$

となる．ここで，V_0 は $t=0$ における電圧の値である．これらの式は，共振器両端の電圧 v が ω_0 より低い周波数で振動し，それが時間とともに減衰することを示している．ここで L に流れる電流を i_L とおくと，$i_L=v/(j\omega L)$ と表せるので，L および C，すなわち共振回路に蓄えられるエネルギー W は

$$W=\frac{1}{2}C\{\mathrm{Re}(v)\}^2+\frac{1}{2}L\{\mathrm{Re}(i_L)\}^2$$

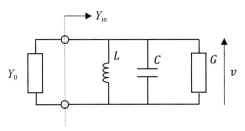

図 4.5　負荷が接続された並列共振回路

$$= CV_0{}^2 e^{-2\sigma t}\cos^2\omega t + L\left(\frac{V_0}{\omega L}\right)^2 e^{-2\sigma t}\sin^2\omega t$$
$$\approx CV_0{}^2 e^{-2\sigma t} \tag{4.12}$$

となる．ただし，V_0 は実数，$\omega \cong \omega_0$ としている．この式から，C に蓄えられるエネルギーと L に蓄えられるエネルギーは時間的に交換しあっており，合計のエネルギーは指数関数的に減衰していくことがわかる．このエネルギーの式を用いると，先に定義した $Q_l = \omega_0/(2\sigma)$ は次のように書くことができる．

$$Q_l = \omega_0 \frac{W}{-\dfrac{dW}{dt}} = 2\pi f_0 \frac{\text{共振回路中に蓄えられるエネルギー}}{\text{1秒間に失われるエネルギー}} \tag{4.13}$$

Q_l は共振器内部のコンダクタンス G と共振器外部のコンダクタンス Y_0 による損失の大きさに基づくため，これらを分離するために Q_l の逆数を使って書き換えると，

$$\frac{1}{Q_l} = \frac{1}{Q_{\text{in}}} + \frac{1}{Q_{\text{ex}}} \tag{4.14}$$

$$Q_{\text{in}} = \frac{\omega_0 C}{G} \tag{4.15}$$

$$Q_{\text{ex}} = \frac{\omega_0 C}{Y_0} \tag{4.16}$$

とできる．すなわち，$1/Q_{\text{in}}$ は共振器内のコンダクタンスによる損失を，$1/Q_{\text{ex}}$ は共振器外の負荷 Y_0 による損失を意味している．Q_{in}，Q_{ex} はそれぞれ内部 Q，外部 Q と呼ばれ，Q_l は負荷 Q と呼ばれる．式(4.14)からわかるように，Q 値の小さな外部回路を接続した場合，負荷 Q が小さくなるため，周波数選択性が低下することになる．特に，図 4.5 において $Y_0 = 0$，すなわち共振回路に負荷が接続されていない場合には $Q_{\text{ex}} = \infty$ であるから，Q_{in} と Q_l は等しくなり，このときの Q 値を Q_u，無負荷 Q と呼ぶ．図 4.5 の入力アドミタンスは Q_{in}，Q_{ex} を用いて，

$$\frac{Y_{\text{in}}}{Y_0} = \frac{Q_{\text{ex}}}{Q_{\text{in}}} + j\left(\frac{\omega}{\omega_0} - \frac{\omega_0}{\omega}\right) Q_{\text{ex}} \tag{4.17}$$

と表すことができることから，各 Q 値と共振周波数を用いてインピーダンスやアドミタンスを知ることもできる．このように，エネルギーの観点から考えると，蓄積エネルギーが時間的に減衰していく割合から Q 値なるものが説明でき，無次元のスカラ量として表されることがわかる．一方，共振器の等価回

路が既知でなければならず，周波数特性との関係が表現に含まれないため，回路を設計する場合に直接使用することは難しい．

次に，回路理論的に Q 値を得る方法について説明する．並列共振回路の周波数に対する電圧応答は図 4.6 のような特性を示し，これを共振曲線と呼ぶ．ただし，図 4.6 では角周波数に対する電圧波高値で規格化した値を縦軸にとっている．

入力アドミタンスが共振周波数において極小値となるため電圧振幅が最大となり，共振周波数から離れるに従って，電圧振幅がゼロに漸近するような曲線を描く．この曲線を用いると Q 値は

$$Q=\frac{\omega_0}{2|\omega_1-\omega_0|}=\frac{\omega_0}{2|\omega_2-\omega_0|}=\frac{\omega_0}{|\omega_2-\omega_1|} \tag{4.18}$$

と求めることができる．図 4.6 に示すように ω_1, ω_2 は共振角周波数 ω_0 に対して電圧値が $1/\sqrt{2}$ 倍となる低域側，および高域側の角周波数をそれぞれ表しており，直感的に Q 値を知ることができる．ここで得られる Q 値は，電源が接続されている回路の応答から得られるため負荷 Q と考えてよい．内部抵抗を持った電源を含めた 2 端子共振回路の系を例に説明したが，アンテナなど空間にエネルギーを放射する共振系の場合には図 4.3 (b) のように考えればよく，放射によって失われるエネルギーが外部 Q に含まれることになる．この方法では，簡単に帯域や Q 値を評価することができる反面，共振回路が左右対称に近い単峰性の周波数特性を持つことが前提となる．

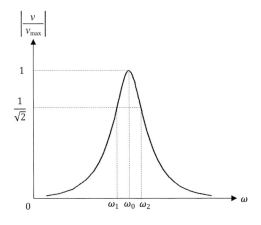

図 4.6　負荷が接続された並列共振回路

回路設計を念頭に考えた場合には，共振回路の入力インピーダンスの周波数特性における共振周波数付近のスロープパラメータからQ値を得る方法もある．インピーダンスの絶対値のみを扱った共振曲線からQ値を得る方法に対して，振幅と位相の両方の周波数特性が加味されるため，実測値との対応が容易であるという特徴がある．スロープパラメータを用いると，Q値は

$$Q = \frac{\omega_0}{2}\left|\frac{Z_{\text{in}}'(\omega_0)}{Z_{\text{in}}(\omega_0)}\right| \tag{4.19}$$

で得ることができる．ここで

$$Z_{\text{in}}'(\omega) = \frac{dZ_{\text{in}}(\omega)}{d\omega} \tag{4.20}$$

である．この式(4.19)は入力アドミタンスの場合にも全く同様に計算される．ここで，図4.1の共振回路について，そのQ値を求めてみる．直列共振回路の入力インピーダンスは式(4.1)で表されるので，その周波数に対するスロープパラメータは

$$Z_{\text{in}}'(\omega) = j\left(L + \frac{1}{\omega^2 C}\right) \tag{4.21}$$

となる．共振周波数$\omega = \omega_0$において$Z_{\text{in}}(\omega_0) = R$であり，$Z_{\text{in}}'(\omega_0)$は$\omega_0 = 1/\sqrt{LC}$であることから

$$Z_{\text{in}}'(\omega) = j\left(L + \frac{1}{\omega_0^2 C}\right) = j2L \tag{4.22}$$

と書き直せる．よってQ値は

$$Q = \frac{\omega_0}{2}\left|\frac{Z_{\text{in}}'(\omega_0)}{Z_{\text{in}}(\omega_0)}\right| = \frac{\omega_0}{2}\left|\frac{j2L}{R}\right| = \frac{\omega_0 L}{R} \tag{4.23}$$

と求められる．また，並列共振回路において入力アドミタンスは式(4.3)で与えられるので，その周波数に対するスロープパラメータは

$$Y_{\text{in}}'(\omega) = j\left(C + \frac{1}{\omega^2 L}\right) \tag{4.24}$$

であり，$Y_{\text{in}}(\omega_0) = 1/R$，$Y_{\text{in}}'(\omega_0) = j2C$となるから

$$Q = \frac{\omega_0}{2}\left|\frac{Y_{\text{in}}'(\omega_0)}{Y_{\text{in}}(\omega_0)}\right| = \frac{\omega_0}{2}\left|\frac{j2C}{1/R}\right| = \omega_0 CR \tag{4.25}$$

と求めることができ，式(4.15)に示した蓄積エネルギーと損失エネルギーの比から求められるQ値と一致する．

4.3 分布定数線路共振器

これまで説明してきた共振回路を用いることで，共振特性を利用したマイクロ波回路を構成することができる．ところが，マイクロ波帯において寄生リアクタンスを持つ集中定数素子の L や C を用いて良好な特性の共振器を作ることは困難である．そこで，伝送線路を適当な長さで切り出した分布定数線路共振器がよく用いられる．これは1.3節や3.1節で示した先端が短絡，あるいは解放された伝送線路の入力インピーダンスは長さで変化し，直列共振回路や並列共振回路として動作するためである．そこで，図4.7のような終端を短絡した長さ l の分布定数線路について考える．

このような共振器を電気回路的に利用するためには，図4.1に示した共振器として等価的に表す必要がある．まず，分布定数線路共振器とこれに等価な共振回路の共振周波数は，線路の長さを調整するだけで容易に実現することができる．ただし，この共振周波数の一致は L と C の積が一致しているにすぎず，個々の集中定数素子の値が決まったわけではない．そこで，共振周波数の近傍におけるインピーダンス，あるいはアドミタンスの変化に注目し，L または C の値を決定する．

簡単のため，線路が無損失であるとすると，この分布定数線路共振器の入力アドミタンス Y_{in} は

$$Y_{in} = -jY_0 \cot \beta(\omega) l \tag{4.26}$$

と表せる．ただし，Y_0 は線路の特性アドミタンス $Y_0 = 1/Z_0 \approx \sqrt{C/L}$ である．Y_{in} は線路の長さ l が

$$\beta(\omega_0) l = (2n-1)\frac{\pi}{2} \quad (n=1, 2, \cdots) \tag{4.27}$$

を満足するときゼロとなるため，並列共振しているとみなせる．一方，無損失

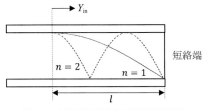

図4.7　負荷が接続された並列共振回路

の並列共振回路の入力アドミタンス Y と共振周波数 ω_0 は

$$Y = j\left(\omega C - \frac{1}{\omega L}\right), \quad \omega_0 = \frac{1}{\sqrt{LC}} \tag{4.28}$$

である．ここで，前節で説明した Q 値の求め方と同様に ω_0 の近傍における入力アドミタンスのスロープパラメータが等しいとして

$$\left.\frac{dY_{\text{in}}(\omega)}{d\omega}\right|_{\omega=\omega_0} = \left.\frac{dY(\omega)}{d\omega}\right|_{\omega=\omega_0} \tag{4.29}$$

の条件を与えると

$$C = \frac{1}{j2}\left.\frac{dY(\omega)}{d\omega}\right|_{\omega=\omega_0} = \frac{1}{2}\frac{\beta'(\omega_0)}{\beta(\omega_0)}(2n-1)\frac{\pi}{2} \tag{4.30}$$

が得られる．ここで，位相速度が $v_p = \omega/\beta = 1/\sqrt{LC}$ で表される場合

$$C = \frac{Y_0}{2\omega_0}(2n-1)\frac{\pi}{2} \tag{4.31}$$

と書き直すことができ，等価的な共振回路の C が決定される．L は式(4.28)の共振周波数の関係式から容易に求められる．このように，スロープパラメータを用いることで，分布定数線路共振器は，狭帯域近似として集中定数素子からなる等価的な LC 共振回路で表すことができる．

分布定数共振器において，特性アドミタンス Y_0 や線路長を極端に大きく変えることは実用上難しく，よって任意の共振アドミタンスを得ることはできない．しかし，3.2節および3.3節で述べたように，トランスすなわち線路の適当な位置にサセプタンスを挿入することで，共振アドミタンスを変えることが可能になる．図4.8に示すように終端を短絡した長さ l の線路に，サセプタンス jB を並列に挿入した回路について考える．

線路の損失が十分に小さいとすると，サセプタンスが挿入された点から右を見たアドミタンスは式(4.26)にサセプタンス jB を加えて

$$Y_{\text{in}} = jB - jY_0 \cot\beta(\omega)l \tag{4.32}$$

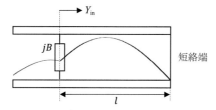

図4.8　並列にサセプタンスが挿入された分布定数線路共振器

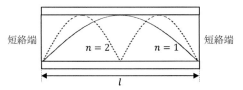

図 4.9 サセプタンスが $|B|=\infty$ のときの分布定数線路共振器内の電圧定在波分布

と表される.この回路が共振するとき,$|B|\gg Y_0$ であると仮定すると,

$$0 \approx jB - jY_0 \cot\beta(\omega_0)l \tag{4.33}$$

つまり,$|B|$ が大きいとき,$l=n\lambda_{g0}/2$ となる角周波数 $\omega_0=n\pi v_p/l$ において共振する.ただし,$n=0, 1, 2, \cdots$ であり,λ_{g0}, v_p はそれぞれ共振角周波数における管内波長,位相速度を表している.ここで,特別な場合として $|B|=\infty$,すなわち短絡されている場合の電圧定在波分布を図 4.9 に示す.

この図のように,分布定数線路の両端が連続でない条件で終端されているとき,両端における境界条件を満足するよう長さ方向に定在波が発生するようになる.2.2.2 項で説明したレッヘル線路のような平行な 2 線からなる伝送線路であれば,図 4.9 のように両端を容易に短絡することができる.一方,マイクロストリップラインのような平面回路では,3.1.1 項で説明したようにスルーホールなどで短絡する必要があるため容易に実現できない.そこで,このような平面回路の場合には,両端が解放された線路によって実現された共振器が用いられる.両端が解放された共振器においても共振するときの線路長は上述の式となる.ただし,図 4.9 の電圧定在波分布の腹と節の位置が逆転した分布をとる.

4.4 空洞共振器

終端を短絡した導波管の途中にサセプタンスを挿入した場合も,前節の分布定数共振器と同様のことが成立する.両端が短絡された分布定数線路では,短絡された両端を境界として 1 次元的に波動が往復することで共振モードが生じた.このような現象は,図 4.10 の両端が短絡された導波管の場合も同様に生じるが,2.3 節で説明したように,導波管内では電磁波が管軸方向に直進するのでなく,側壁で反射しながら伝搬する.

図 4.10 に示すような断面 $a\times b$,長さ c の直方体空洞の共振モードは,2.3

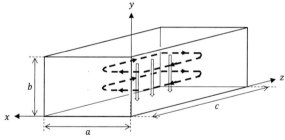

図4.10 両端が短絡された直方体空洞共振器

節で伝搬モードを導出した過程と同様で，マクスウェル方程式，あるいはヘルムホルツ方程式を境界条件のもとに解けばよい．異なる点は広壁幅方向および狭壁幅方向の境界条件に加えて，管軸方向の境界条件 $z=0, c$ において $E_x=E_y=0$ を適用することのみである．例として，H_z に関する方程式

$$\frac{\partial^2 H_z}{\partial x^2}+\frac{\partial^2 H_z}{\partial y^2}+\frac{\partial^2 H_z}{\partial z^2}+k^2 H_z=0 \tag{4.34}$$

を変数分離して解き，境界条件を満足するよう積分定数を決定すれば，共振器内のすべての電磁界成分は以下の式で表すことができる．

$$\text{TE モード} \atop (E_z=0) \begin{cases} H_z=H_{mnp}\cdot\cos k_x x\cdot\cos k_y y\cdot\sin k_z z \\ E_x=\left(\dfrac{j\omega\mu k_y}{k_c^2}\right)H_{mnp}\cdot\cos k_x x\cdot\sin k_y y\cdot\sin k_z z \\ E_y=\left(\dfrac{-j\omega\mu k_x}{k_c^2}\right)H_{mnp}\cdot\sin k_x x\cdot\cos k_y y\cdot\sin k_z z \\ H_x=\left(\dfrac{-k_z k_x}{k_c^2}\right)H_{mnp}\cdot\sin k_x x\cdot\cos k_y y\cdot\cos k_z z \\ H_y=\left(\dfrac{-k_z k_y}{k_c^2}\right)H_{mnp}\cdot\cos k_x x\cdot\sin k_y y\cdot\cos k_z z \end{cases} \tag{4.35}$$

$$\text{TM モード} \atop (H_z=0) \begin{cases} E_z=E_{mnp}\cdot\sin k_x x\cdot\sin k_y y\cdot\cos k_z z \\ E_x=\left(\dfrac{-k_z k_x}{k_c^2}\right)E_{mnp}\cdot\cos k_x x\cdot\sin k_y y\cdot\sin k_z z \\ E_y=\left(\dfrac{-k_z k_y}{k_c^2}\right)E_{mnp}\cdot\sin k_x x\cdot\cos k_y y\cdot\sin k_z z \\ H_x=\left(\dfrac{j\omega\varepsilon k_y}{k_c^2}\right)E_{mnp}\cdot\sin k_x x\cdot\cos k_y y\cdot\cos k_z z \\ H_y=\left(\dfrac{-j\omega\varepsilon k_x}{k_c^2}\right)E_{mnp}\cdot\cos k_x x\cdot\sin k_y y\cdot\cos k_z z \end{cases} \tag{4.36}$$

ただし，

$$\begin{cases} k_x = \dfrac{m\pi}{a}, \quad k_y = \dfrac{n\pi}{b}, \quad k_z = \dfrac{p\pi}{c} \\ k_c^2 = k_x^2 + k_y^2 \end{cases} \quad (4.37)$$

であり，共振波長は

$$\lambda_g = \dfrac{1}{\sqrt{\left(\dfrac{m\pi}{a}\right)^2 + \left(\dfrac{n\pi}{b}\right)^2 + \left(\dfrac{p\pi}{c}\right)^2}} \quad (4.38)$$

と求められる．$a, c > b$ である直方体における基本モードは，3つの波数の2つ以上がゼロでなく，共振波長が最も大きくなる $(m, n, p) = (1, 0, 1)$ のときであって，方形導波管の基本モード TE_{10} の電磁界を z 方向に定在波の山を1つ取り出した形の TE_{101} モードとなる．円筒空洞共振器の場合についても，円筒断面内と管軸方向を変数分離して方程式を解けばよく，直方体空洞共振器と同様に電磁界を得ることができる．

　共振器における Q 値の定義などについては 4.2 節で述べたので，ここでは空洞共振器の Q 値の計算方法について説明する．Q 値は共振器内に蓄えられるエネルギーの時間平均と1秒間に失われるエネルギーの比で与えられるので，空洞共振器では次式で与えられる．

$$Q = \omega_0 \dfrac{\dfrac{\mu}{2}\int_v \boldsymbol{H} \cdot \boldsymbol{H}^* dv}{\dfrac{R_s}{2}\int_s \boldsymbol{H}_{\tan} \cdot \boldsymbol{H}_{\tan}^* ds} = \omega_0 \dfrac{\dfrac{\varepsilon}{2}\int_v \boldsymbol{E} \cdot \boldsymbol{E}^* dv}{\dfrac{R_s}{2}\int_s \boldsymbol{H}_{\tan} \cdot \boldsymbol{H}_{\tan}^* ds} \quad (4.39)$$

この式において，$\boldsymbol{H}^*$，$\boldsymbol{E}^*$ はそれぞれ磁界および電界の複素共役を表しており，分子は体積 v の空洞内に蓄えられる磁気的エネルギーの時間平均値 $\frac{\mu}{4}\int_v \boldsymbol{H} \cdot \boldsymbol{H}^* dv$ と電気的エネルギーの時間平均値 $\frac{\varepsilon}{4}\int_v \boldsymbol{E} \cdot \boldsymbol{E}^* dv$ は等しくなるため，どちらかを2倍した量は蓄えられる全エネルギーを表す．一方，分母は導波管の壁面で生じる損失を表しており，壁面 s を通って外に向かう複素ポインティング電力の実部である．$\boldsymbol{H}_{\tan}$ は管壁に沿った無損失の場合の磁界を，$R_s = 1/(\sigma\delta)$ は表面抵抗を表しており，磁界によって誘導される壁面上の電流と表面抵抗から生じるジュール損失と考えてよい．考える導波管の伝搬モードに対する電気回路的な等価回路は，導波管共振器内に生じる電界，磁界を電圧，電流に対応させて表現できるため，これまでの回路的な議論がそのまま成り立つ．

4.5 マイクロ波フィルタ

テレビやラジオ，移動体通信など，様々な用途で電波は使われている．これらが複雑に飛び交っている中から，必要な周波数帯の信号だけを取り出すのがフィルタの役割である．特に，必要な周波数帯域の信号のみを透過させるバンドパスフィルタは無線機に不可欠であるといってよい．フィルタの理論は，波長を考える必要のない低い周波数領域において成熟しており，マイクロ波フィルタはそれらを高周波数帯に応用したものであり，共振器およびリアクタンス素子を用いて実現できるため，応用範囲も広く，その種類も多い．図 4.11 は基本的なフィルタの理想的な特性を示したものである．

(a) に示したローパスフィルタは，増幅器や発振器の出力段に接続して，半導体素子の非線形性から発生する高調波の遮断，ミキサの出力段に接続して，中間周波数成分のみの取り出し，受信機の入力段に接続して，高い周波数の不要電波の遮断，(b) のハイパスフィルタと組み合わせての広帯域なバンドパスフィルタの構成などに用いられる．(b) に示したハイパスフィルタは，ある周波数を高い周波数に変換するための逓倍器（アップコンバータ）の出力段に接続し，不必要な低い周波数の除去，受信機の入力段に接続し，所望の周波数帯より低い周波数の妨害波の遮断などに使用される．(c) のバンドパスフィルタは，発振器，逓倍器の出力段に接続して，必要な周波数成分のみの取り出し，

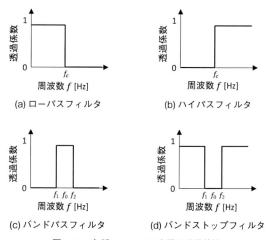

図 4.11　各種フィルタの分類と理想特性

受信機，増幅器の入力段に接続し，所望の周波数帯以外の妨害波の除去に使われる．(d) はバンドストップフィルタ（バンドエリミネートフィルタ，バンドリジェクトフィルタ）と呼ばれ，バンドパスフィルタやローパスフィルタと併用して増幅器の出力段に接続し，非線形性から生じる高調波の除去，バンドパスフィルタと併用し，極めて急峻な遮断特性のフィルタ実現などに用いられる．

　これらのフィルタを設計する場合，かつては主として映像法が用いられていたが，現在ではほとんどが挿入損失法で設計されるようになっており，より厳密な特性をフィルタに持たせることができるようになった．この方法では大きく3つのステップでマイクロ波フィルタの設計がなされる．まず，1) 所望の特性を満足する集中定数原型ローパスフィルタを設計し，2) インピーダンスのスケーリングと周波数変換を行い，3) 得られた集中定数回路素子値を伝送線路や共振器で近似することによって，所望特性に近い周波数特性を得る．原型ローパスフィルタの設計について説明する．

　原型ローパスフィルタは，電源の内部抵抗や内部コンダクタンスを1，フィルタの遮断角周波数を1としたローパスフィルタであり，これによって回路素子は規格化した値を持つことになる．原型ローパスフィルタの角周波数をΩ，カットオフ角周波数を$\Omega_c=1$ [rad/s] とする．入力端および出力端に最も近い回路素子が直列，あるいは並列であるかによって4通りが考えられるが，どの場合にも同じ考え方ができる．図4.12に入出力端の素子が並列の原型ローパスフィルタを示す．

　図中の回路素子には入力側より通し番号で$g_0, g_1, \cdots, g_{n+1}$のパラメータが与えられており，これを$g$パラメータという．$g_0, g_{n+1}$はそれぞれ電源，負荷の抵抗またはコンダクタンスを表している．gパラメータは，バターワース（最平坦）特性，チェビシェフ特性などのフィルタ特性，フィルタを構成する段数などで変わる．

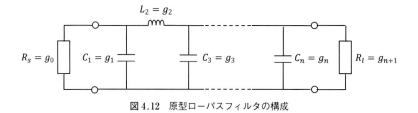

図4.12　原型ローパスフィルタの構成

この原型ローパスフィルタにバターワース特性を持たせる場合の挿入損失 IL, 各規格化素子値は以下の式で与えられる.

$$IL = 10\log(1+\varepsilon^2\Omega^{2n})\,[\mathrm{dB}] \tag{4.40}$$

$$g_0 = 1 \tag{4.41}$$

$$g_i = 2\sin\frac{2i-1}{2n}\pi \quad (i=1,\,2,\,\cdots,\,n) \tag{4.42}$$

$$g_{n+1} = 1 \tag{4.43}$$

また,チェビシェフ特性を与えたい場合には以下の式に従うことで原型ローパスフィルタが決定される.

$$IL = 10\log(1+\varepsilon^2 T_n{}^2)\,[\mathrm{dB}] \tag{4.44}$$

$$T_n(\Omega) = \begin{cases} \cos(n\cos^{-1}\Omega) & (0\leq|\Omega|\leq 1) \\ \cosh(n\cosh^{-1}\Omega) & (|\Omega|>1) \end{cases} \tag{4.45}$$

$$g_0 = 1 \tag{4.46}$$

$$g_1 = \frac{2}{y}\sin\frac{\pi}{2n} \tag{4.47}$$

$$g_i g_{i+1} = \frac{4\sin\dfrac{2i-1}{2n}\pi \sin\dfrac{2i+1}{2n}\pi}{y^2+\sin^2\dfrac{i\pi}{n}} \quad (i=1,\,2,\,\cdots,\,n) \tag{4.48}$$

$$g_{n+1} = \begin{cases} 1, & n\text{ が奇数} \\ (\varepsilon+\sqrt{1+\varepsilon^2})^2, & n\text{ が偶数} \end{cases} \tag{4.49}$$

$$y = \sinh\left(\frac{1}{n}\sinh^{-1}\frac{1}{\varepsilon}\right) \tag{4.50}$$

$$\sinh^{-1}x = \ln(x+\sqrt{x^2+1}) \tag{4.51}$$

ただし,ε は通過帯域での挿入損失リプルを決定する定数で,挿入損失リプル RW [dB] は

$$\varepsilon = \sqrt{10^{0.1RW}-1} \tag{4.52}$$

で計算される.

次にインピーダンスのスケーリングと周波数変換について説明する.原型ローパスフィルタは電源の抵抗を $1\,\Omega$ として設計されたが,実際のフィルタでそのようなことはない.このようなときには,各回路素子に下記の式のように定係数をかけてスケーリングを行う.

$$R \to \gamma_0 R$$
$$G \to \frac{G}{\gamma_0}$$
$$L \to \gamma_0 L \quad (4.53)$$
$$C \to \frac{C}{\gamma_0}$$

ここで,インピーダンススケーリング因子 γ_0 は実際の電源の抵抗,コンダクタンスを R_0 とすると次のように定義される.

$$\gamma_0 = \begin{cases} \dfrac{R_0}{g_0}, & g_0 \text{ が抵抗の場合} \\ R_0 g_0, & g_0 \text{ がコンダクタンスの場合} \end{cases} \quad (4.54)$$

カットオフ角周波数 ω_c のローパスフィルタを得るためには,角周波数 ω と原型ローパスフィルタのカットオフ角周波数 Ω_c を周波数変換する必要があり,次のような関係を用いる.

$$\Omega = \frac{\omega}{\omega_c} \Omega_c \quad (4.55)$$

原型ローパスフィルタの直列インダクタンスに適用すると

$$jX = j\Omega \gamma_0 g = j\frac{\omega}{\omega_c} \Omega_c \gamma_0 g = j\omega L \quad (4.56)$$

であるから,結果,インダクタンスの値は

$$L = \frac{\Omega_c}{\omega_c} \gamma_0 g \ [\mathrm{H}] \quad (4.57)$$

となる.同様に原型ローパスフィルタの並列キャパシタの値は

$$C = \frac{\Omega_c}{\omega_c} \frac{g}{\gamma_0} \ [\mathrm{F}] \quad (4.58)$$

として決定することができる.

原型ローパスフィルタから実際のローパスフィルタへの変換は,これまでのスケーリングと周波数変換から容易になされる.では,原型ローパスフィルタからローパスフィルタ以外のフィルタへの変換を考えてみよう.変換のポイントは周波数変換にある.まず,ハイパスフィルタへの変換について説明する.式 (4.55) に形が類似しているので注意が必要であるが,ハイパスフィルタへの変換には次の式を用いる.

$$\Omega = -\frac{\omega_c}{\omega} \Omega_c \quad (4.59)$$

この変換式を用いると直列のインダクタンスは

$$jX = j\Omega\gamma_0 g = -j\frac{\omega_c}{\omega}\Omega_c\gamma_0 g = \frac{\omega_c}{j\omega}\Omega_c\gamma_0 g \tag{4.60}$$

となる．フィルタを構成する回路素子 L, C が正の値しかとりえないことに注目すると，原型ローパスフィルタの直列インピーダンスは直列キャパシタで実現されることがわかり，

$$C = \frac{1}{\omega_c\Omega_c\gamma_0 g} \,[\text{F}] \tag{4.61}$$

となる．同様に並列キャパシタンスはインダクタンスに変換され，

$$L = \frac{\gamma_0}{\omega_c\Omega_c g} \,[\text{H}] \tag{4.62}$$

と変換される．以上のことから，直列インダクタンス，並列キャパシタンスで構成されたローパスフィルタが，直列キャパシタンスと並列インダクタンスで構成されるハイパスフィルタへと変換されたことがわかる．

バンドパスフィルタへの変換には次の周波数変換を行う．

$$\Omega = \frac{\Omega_c}{FBW}\left(\frac{\omega}{\omega_0} - \frac{\omega_0}{\omega}\right) \tag{4.63}$$

ここで，FBW は通過帯域，ω_0 は通過帯域 $\omega_2 - \omega_1$ の中心周波数で，以下の式で表される．

$$FBW = \frac{\omega_2 - \omega_1}{\omega_0}, \quad \omega_0 = \sqrt{\omega_1\omega_2} \tag{4.64}$$

式(4.63)を原型ローパスフィルタの直列リアクタンス g に適用すると

$$jX = j\Omega\gamma_0 g = j\omega\frac{\Omega_c\gamma_0 g}{FBW\omega_0} + \frac{\omega_0\Omega_c\gamma_0 g}{j\omega FBW} \tag{4.65}$$

を得る．この式から直列リアクタンスは直列共振回路に変換され，L, C はそれぞれ以下のように求められる．

$$L = \frac{\Omega_c\gamma_0 g}{FBW\omega_0} \tag{4.66}$$

$$C = \frac{FBW}{\omega_0\Omega_c\gamma_0 g} \tag{4.67}$$

また，同様に並列リアクタンス g は並列共振回路に変換され，回路素子 L, C はそれぞれ次のようになる．

$$L = \frac{FBW\gamma_0}{\omega_0\Omega_c g} \tag{4.68}$$

$$C = \frac{\Omega_c g}{FBW\omega_0 \gamma_0} \tag{4.69}$$

図 3.9 (b) のバンドパスフィルタはこれまでの説明で決まる L, C をマイクロストリップ線路で置き換えることで実現したフィルタである．最後に，原型ローパスフィルタからバンドストップフィルタへの変換は次の周波数変換によってなされる．

$$\Omega = \frac{FBW\Omega_c}{\dfrac{\omega_0}{\omega} - \dfrac{\omega}{\omega_0}} \tag{4.70}$$

これまでの説明と同様に原型ローパスフィルタの直列リアクタンス g に適用すると次の式を得る．

$$jX = j\Omega\gamma_0 g = \frac{\gamma_0}{j\omega \dfrac{1}{FBW\omega_0\Omega_c g} + \dfrac{\omega_0}{j\omega FBW\Omega_c g}} \tag{4.71}$$

この式から直列リアクタンスは並列共振回路に変換され，L, C はそれぞれ以下のように求められる．

$$L = \frac{FBW\Omega_c \gamma_0 g}{\omega_0} \tag{4.72}$$

$$C = \frac{1}{FBW\omega_0 \Omega_c \gamma_0 g} \tag{4.73}$$

また，同様に並列リアクタンス g は直列共振回路に変換され，回路素子 L, C はそれぞれ次のようになる．

$$L = \frac{\gamma_0}{FBW\omega_0\Omega_c g} \tag{4.74}$$

$$C = \frac{FBW\Omega_c g}{\omega_0 \gamma_0} \tag{4.75}$$

最後に，原型ローパスフィルタからバンドストップフィルタへの変換は次の周波数変換によってなされる．

代表的なフィルタの等価回路パラメータを得るための方法については前述の通りであるが，図 4.12 に示した原型ローパスフィルタは L, C から構成された梯子形が基本的な構成となる．この構成では，例えばトランスによって結合した共振器や，誘電体共振器などの個体の共振器を直接は組み込めない．このような場合には，入力端から出力端に接続された負荷を見たときにその逆数が見えるようにする変換回路，インバータが用いられる．インバータを用いるこ

とでどちらか一方の素子のみを用いた回路に変換することができる．例えば，図4.13のように入力端と負荷との間に位相を90°回転させる回路を接続したとすると，入力端から負荷までに90°，負荷から入力端までに90°の位相回転が生じ，往復で180°，すなわちスミスチャート上を半回転した応答が得られることになる．

スミスチャート上で半回転するということは，誘導性が容量性に，あるいは容量性が誘導性に見えることを意味し，インピーダンスとアドミタンスの変換と考えることができる．インピーダンスを逆数に変換するものをKインバータ，アドミタンスを逆数に変換するものをJインバータという．これらを集中定数素子を用いて表現した回路を図4.14に示す．

図4.14 (a) のインバータを図4.13に適用したときの入力端から見えるインピーダンスは

$$Z = -j\omega L + \frac{1}{1/j\omega L + 1/(-j\omega L + Z_l)} = \frac{(\omega L)^2}{Z_l} = \frac{K^2}{Z_l} \quad (4.76)$$

と表すことができる．同様に図4.14 (b) を用いた場合には負荷インピーダンス Z_l を負荷アドミタンス Y_l と置き換えて

$$Y = -j\omega C + \frac{1}{1/j\omega C + 1/(-j\omega C + Y_l)} = \frac{(\omega C)^2}{Y_l} = \frac{J^2}{Y_l} \quad (4.77)$$

のように変換される．このインバータで直列，あるいは並列の回路素子を挟み

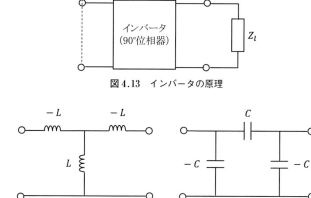

図4.13 インバータの原理

図4.14 インバータの等価回路

込めば，図 4.15 に示すようにそれぞれ並列，あるいは直列の回路素子へ変換することができる．

これらのインバータを用いた変換を行うことで，図 4.12 に示した原型ローパスフィルタは L, C のどちらか一方のみとインバータからなる回路に変換することができる．図 4.12 の原型ローパスフィルタを K インバータを用いて表したものを図 4.16 に示す．

図 4.12 のフィルタの最初の素子 g_1 から右を見たアドミタンスを Y_{22} とすると g_0 で規格化されたインピーダンス Z_{11} は

$$\frac{Z_{11}}{g_0} = \frac{1}{j\omega g_0 g_1 + g_0 Y_{22}} \tag{4.78}$$

と表される．一方，図 4.16 においても同様に，L_{a1} から右を見たインピーダンスを Z_{12} とすると，R_s で規格化したインピーダンス Z_{01} は次のように与えられる．

$$\frac{Z_{01}}{R_s} = \frac{1}{j\omega L_{a1}\dfrac{R_s}{K_{01}^2} + Z_{12}\dfrac{R_s}{K_{01}^2}} \tag{4.79}$$

式(4.42)と式(4.43)が等価であるとすると

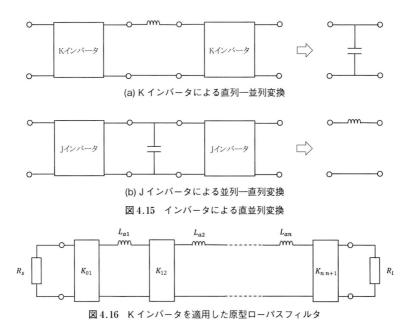

(a) K インバータによる直列—並列変換

(b) J インバータによる並列—直列変換

図 4.15　インバータによる直並列変換

図 4.16　K インバータを適用した原型ローパスフィルタ

$$\frac{Z_{11}}{g_0}=\frac{Z_{01}}{R_s} \tag{4.80}$$

$$g_0 Y_{22}=Z_{12}\frac{R_s}{K_{01}^2} \tag{4.81}$$

$$g_0 g_1 = L_{a1}\frac{R_s}{K_{01}^2} \tag{4.82}$$

となり，Kインバータの値 K_{01} は

$$K_{01}=\sqrt{\frac{R_s L_{a1}}{g_0 g_1}} \tag{4.83}$$

と得ることができる．この手順を 2 番目以降の素子についても繰り返すことで，結果として

$$K_{01}=\sqrt{\frac{R_s L_{a1}}{g_0 g_1}},\quad K_{n\,n+1}=\sqrt{\frac{R_l L_{an}}{g_n g_{n+1}}} \tag{4.84}$$

$$K_{i\,i+1}=\sqrt{\frac{L_{ai} L_{ai+1}}{g_i g_{i+1}}}\quad (i=1,2,\cdots,n) \tag{4.85}$$

の関係が得られフィルタの構成パラメータを決定することができる．次に図 4.16 のローパスフィルタに対して，周波数変換を行いバンドパスフィルタを構成してみよう．図 4.16 中の直列インダクタンスを直列共振器に置き換えるとき，式(4.66)，式(4.67)より

$$L_{ri}=\frac{\Omega_c}{FBW\omega_0}L_{ai},\quad C_{ri}=\frac{1}{\omega_0^2 L_{ri}}\quad (i=1,2,\cdots,n) \tag{4.86}$$

と変換される．一方，Kインバータを周波数変換したものは一般に知られており

$$K_{01}=\sqrt{\frac{R_s FBW\omega_0 L_{ri}}{\Omega_c g_0 g_1}},\quad K_{n\,n+1}=\sqrt{\frac{R_l FBW\omega_0 L_{ri}}{\Omega_c g_n g_{n+1}}} \tag{4.87}$$

$$K_{i\,i+1}=\frac{FBW\omega_0}{\Omega_c}\sqrt{\frac{L_{ri} L_{ri+1}}{g_i g_{i+1}}}\quad (i=1,2,\cdots,n) \tag{4.88}$$

で与えられる．Kインバータを用いて構成されたバンドパスフィルタを，図 4.17 に示す．

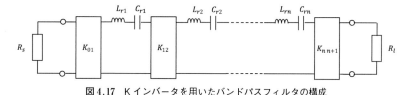

図 4.17　Kインバータを用いたバンドパスフィルタの構成

なお，Jインバータを用いても構成することは可能で，原型ローパスフィルタを構成する素子の周波数変換およびJインバータの周波数変換が異なるだけである．参考として，Jインバータの周波数変換式を以下に示す．

$$J_{01} = \sqrt{\frac{G_s FBW \omega_0 C_{ri}}{\Omega_c g_0 g_1}}, \quad J_{n\,n+1} = \sqrt{\frac{G_l FBW \omega_0 C_{ri}}{\Omega_c g_n g_{n+1}}} \quad (4.89)$$

$$J_{i\,i+1} = \frac{FBW \omega_0}{\Omega_c} \sqrt{\frac{C_{ri} C_{ri+1}}{g_i g_{i+1}}} \quad (i=1, 2, \cdots, n) \quad (4.90)$$

マイクロ波帯においては，より汎用的な共振器結合型のバンドパスフィルタがよく用いられる．この場合には，集中定数素子およびインバータに代わって，共振器の共振周波数，共振器間の結合係数，共振器と外部回路との結合に関する外部 Q が用いられることになる．簡単のため，図4.18に示す電源，負荷，2つの共振器からなる結合系を考える．

図4.18(a)における破線で囲まれた部分はインダクタ $\pm M$ で構成されたKインバータを示している．このT形回路はトランスに置き換えることができるため，図4.18(b)に示したトランスで結合された回路と等価である．トランスで結合された回路の結合係数は，図中の回路素子を用いて以下のように表すことができる．

$$k_{12} = \frac{M}{\sqrt{L_{r1} L_{r2}}} = \frac{K_{12}}{\omega_0 \sqrt{L_{r1} L_{r2}}} = \frac{FBW}{\Omega_c \sqrt{g_1 g_2}} \quad (4.91)$$

一方，Kインバータを介して共振回路を励振する場合，共振器側から電源側を見たインピーダンスは K^2/R_s となることから，式(4.87)より外部 Q は

$$Q_{ex} = \frac{\omega_0 L}{K_{01}^2 / R_s} = \frac{\omega_0 L R_s}{K_{01}^2} = \frac{\Omega_c}{FBW} g_0 g_1 \quad (4.92)$$

となる．以上の説明から，図4.17に示したバンドパスフィルタは図4.19のように表すことができ，図中の各パラメータは次式で与えられる．

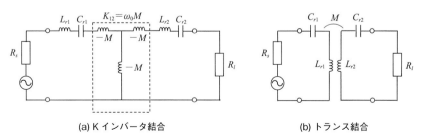

(a) Kインバータ結合　　　　(b) トランス結合

図4.18　結合した2共振器系

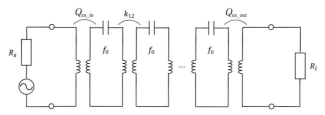

図 4.19 f_0, k, Q_{ex} を用いた共振器結合型バンドパスフィルタ

$$Q_{ex\_in} = \frac{\Omega_c}{FBW} g_0 g_1, \quad Q_{ex\_out} = \frac{\Omega_c}{FBW} g_n g_{n+1} \quad (4.93)$$

$$k_{i\,i+1} = \frac{FBW}{\Omega_c} \frac{1}{\sqrt{g_i g_{i+1}}} \quad (i=1, 2, \cdots, n) \quad (4.94)$$

前章で示した図 3.9 (b) のバンドパスフィルタはこの設計方法によって実現されたもので，3 つの共振周波数 f_0 の共振器が非接触で結合されたフィルタである．

4.6 周期構造伝送線路

複数の共振器が縦続接続されたフィルタの延長として，同一のサセプタンスが一定周期で装荷された導波路が考えられる．このような導波路は，もちろんフィルタとして動作するが，応用範囲はフィルタにとどまらない．ここで，図 4.20 のように，伝送線路中に一定周期 L でサセプタンスが装荷されている構造があるとする．

この線路に伝搬定数 γ の波 $e^{j\omega t - \gamma z}$ が伝搬すると，空間的に L の周期で変調を受けることになる．これを $p(z)$ とすれば

$$p(z) = \sum_{n=-\infty}^{\infty} A_n e^{-j2\pi n z/L} \quad (4.95)$$

したがって，周期構造伝送線路を伝搬する波は

$$p(z) e^{j\omega t - \gamma z} = \sum_{n=-\infty}^{\infty} A_n e^{j\omega t - (\gamma + j2\pi n/L)z} \quad (4.96)$$

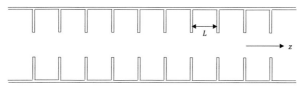

図 4.20 周期構造伝送線路

と書ける．この式における右辺は周波数が等しく，いろいろな伝搬定数 $\gamma+j2\pi n/L$ の波の合成とみなすことができる．いま，z に代わって $z+L$ とおき，周期構造の1周期分ずらしてみると上式は定数 $e^{-\gamma L}$ だけ振幅および位相がずれることになる．これをフロケの定理と呼ぶ．フロケの定理は，与えられた周波数およびモードの周期構造中のある面における電磁界は，周期の整数倍離れた面の電磁界と複素定数値のみ異なることを意味している．ここで，n 番目のモードの位相定数に注目してみると

$$\beta_n = \beta_0(\omega) + \frac{2\pi n}{L} \tag{4.97}$$

と書ける．この式から，分散曲線（ω-β ダイアグラム）は周期性を持っていることがわかる．一方，モードごとの位相速度 v_{pn} は異なり，

$$v_{pn} = \frac{\omega}{\beta_n} = \frac{\omega}{\beta_0 + 2\pi n/L} \quad (n=\cdots, -2, -1, 0, 1, 2, \cdots) \tag{4.98}$$

と表される．異方性媒質を含まない場合，ω は β の偶関数であり，$2\pi/L$ の周期関数である．$\beta_0=n\pi/L$ の近傍では，$\lambda_g/2$ が周期の間隔 L に近くなり，1つのサセプタンスで反射された波と次段のサセプタンスで反射された波が同位相で合成されるようになるので，実質的な波の進行速度が遅くなる．したがって，この付近における分散曲線の勾配はサセプタンスのない場合に比べて緩くなり，ちょうど $\beta_0=\pi/L$ となったときには定在波の形をとるため，波は進まなくなる．この点における群速度 $v_g=\partial\omega/\partial\beta_0$ はゼロとなる．$v_g=0$ となる点からさらに周波数を上げていくと，ある範囲では全反射の状態が続き，やがて

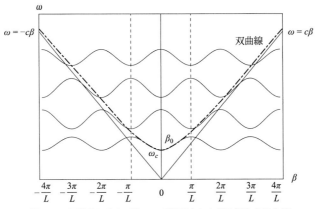

図4.21　周期的にサセプタンスが装荷された導波管の分散曲線

波が通過するようになる．さらに周波数を上げていくと，λ_g が周期の間隔 L に近くなるため，ふたたび全反射の状態となる．一方，装荷されたサセプタンスがゼロへ向かう極限では中空の導波管に漸近することから $\omega\to\infty$ で $v_p=c$，サセプタンスが最大となる窓が閉じた場合には，個々のセルが空洞共振器となるので，$\beta_0=n\pi/L$ においてカットオフ周波数 ω_c となる．これらから図 4.21 の分散曲線が描かれる．

ただし，図中の双曲線はサセプタンスが装荷されていない導波管の分散曲線を示している．ある ω に対して分散曲線が存在する範囲を通過域といい，分散曲線が存在しない領域を阻止域と呼ぶ．この図より，分散曲線の勾配の絶対値はいかなる場所でも光速より小さく，位相速度，群速度が光速以下であることがわかる．すなわち，周期構造を利用することで遅波回路を実現することができ，電磁波を電子の走行速度まで遅くして電子と相互作用させることができるようになる．この原理を応用したものが進行波管や後述のマグネトロンである．また，図における曲線の勾配が負となる領域では，群速度の方向に対して，位相速度が逆向きとなることを意味している．このような特性を利用して負の等価誘電率や負の等価透磁率を実現し，利用した人工的な媒質をメタマテリアルと呼んでいる．

◇演習問題◇

4.1 図 4.10 の直方体空洞共振器が完全導体でできており，TE_{101} モードで共振しているときの電気的エネルギーを示せ．

4.2 4.1 の設問における Q 値を示せ．

4.3 通過帯域のリプルが 0.1 dB，段数が 3 段のチェビシェフ原型ローパスフィルタを設計せよ．

4.4 4.3 で得られた原型ローパスフィルタを，カットオフ周波数 200 MHz のフィルタに周波数変換せよ．

4.5 4.4 で得られたローパスフィルタを，電源および負荷インピーダンス 50 Ω のフィルタにインピーダンス変換せよ．

5 マイクロ波回路の実際

4章までは回路理論,あるいは電磁界理論に基づき,システムを構築するためのコンポーネントについて説明した.本章では,これまで説明してきた様々なコンポーネントを組み合わせて実現されるマイクロ波回路の具体的,実用的な応用例について,基本的な考え方を含めて説明する.

5.1 マイクロ波集積回路

5.1.1 半導体デバイス

マイクロ波集積回路とは,これまで説明してきた伝送線路,共振器,R,L,C などの受動デバイスと,トランジスタやダイオードなどの能動デバイスを組み合わせた回路系の小型化,軽量化,高性能化のために半導体デバイスを応用した回路をさす.特にモノリシックマイクロ波集積回路 MMIC は,複数のマイクロ波回路をひとつの半導体基板上に配置した高密度な集積回路であり,半導体製造プロセスを用い,一括して一体形成することができる.発展的なこのような回路を考えるためには,マイクロ波帯における能動デバイスの特徴を理解しておく必要がある.

まず,半導体材料について説明する.マイクロ波帯の半導体デバイスで使用される半導体材料は単一元素からなる Si(ケイ素,シリコン)と,GaAs(砒化ガリウム)や GaN(窒化ガリウム)に代表される化合物半導体に大別される.Si は半導体デバイスに長く応用されてきたこともあり,製造プロセスも安定しており,均一性のよいデバイスを安価に製造できるという大きな特徴を持っている.また,旧来から化合物半導体に対して高周波特性が悪いといわれてきたが,様々な技術革新がなされ,高周波特性の良化が図られてきた.これに対して,化合物半導体は複数の元素を用いて半導体結晶を作るため,均一性やプロセスの安定性の面では Si に劣るという側面があるものの,以下に列挙する利点を持っている.

(1) 電子移動度が Si より大きく,マイクロ波帯/ミリ波帯デバイス,高出力デバイスに適している.

(2) バンドギャップが Si より大きな化合物半導体があるため，絶縁性の高い基板が得られ，直接，マイクロストリップ線路などを半導体上に形成できる．また，高耐圧化も容易に達成できる．
(3) バンド構造から，レーザなどの光デバイスや電子デバイスと光デバイスの集積化が可能である．
(4) 耐放射線特性が優れているため，宇宙空間での使用に強い．
(5) 異種半導体の接合，すなわちヘテロ接合が良好なため，キャリアの閉じ込めが容易である．

次に，構造的な特徴について説明する．能動デバイスには，入力端子と出力端子からなる2端子のものと，これらに接地端子を加えた3端子のものに大別される．2端子デバイスにはダイオードが該当し，表5.1に示すようなものがある．

一方，3端子デバイスにはトランジスタが該当し，利用するキャリアによってバイポーラトランジスタと電界効果トランジスタ（FET）に大別される．FET は多数キャリアのみを用いるためユニポーラトランジスタとも呼ばれ，チャネル層を制御するゲートの構造によって，metal semiconductor（MES）FET, junction（J）FET, metal oxide semiconductor（MOS）FET，2次元電子ガスを用いた high electron mobility transistor（HEMT）に分類される．対してバイポーラトランジスタは，接合が同種半導体であるホモ接合バイポーラトランジスタと異種半導体であるヘテロ接合バイポーラトランジスタとに大別される．

マイクロ波／ミリ波集積回路，システムを構成するうえで，要求される性能を満足させるために，これら能動デバイスなども適切に選択する必要がある．

表5.1 ダイオードの名称と特徴

名称	特徴
pn 接合ダイオード	p 形半導体と n 形半導体の接合による整流性を利用
ショットキーバリアダイオード	金属と半導体を接合し，多数キャリアのみを用いた整流性を利用
ガン（Gunn）ダイオード	GaAs の Γ-L 谷間散乱によって発生する負性抵抗を利用
インパット（IMPATT）ダイオード	なだれ降伏で発生した電子の走行時間効果による負性抵抗を利用

5.1.2 増幅器

マイクロ波帯における増幅器について説明する．増幅器において，第一の評価量は利得であり，入力ポートにおける電気量に対する出力ポートの電気量の比をさす．電気量には電圧，電流，電力があるが，電圧および電流はトランスなどを用いることで自由に変えられるため，エネルギー保存則に従う電力利得のみが不変量といえる．では，電源から負荷への電力供給について考えてみる．図5.1にトランジスタを用いた増幅器の基本的な構成を示す．

図5.1において，入力整合回路では電源からできる限り大きな電力を取り出し，トランジスタの入力端子に印加する回路，出力整合回路ではトランジスタの出力端子からできるだけ大きな電力を負荷に伝える回路が求められる．ここで，最大電力供給則について整理しておく．図5.2に内部負荷を持った電圧源，電流源と負荷接続した回路を示す．なお，図5.2(a)と5.2(b)はテブナンの定理，ノートンの定理を用いて相互変換が可能であることは回路理論の書籍で詳説されているので説明は省略する．

図5.2(a)において，回路に流れる電流をiとすると

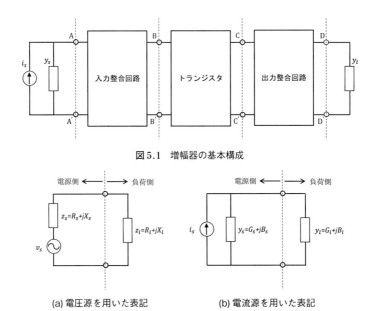

図5.1 増幅器の基本構成

図5.2 内部負荷を持つ電源と負荷を接続した電力供給系

$$i = \frac{v_s}{(R_s+R_l)+j(X_s+X_l)} \tag{5.1}$$

このとき負荷の R_l で消費される電力 P_{Rl} は

$$P_{Rl} = i\,i^*R_l = \frac{|v_s|^2 R_l}{(R_s+R_l)^2+(X_s+X_l)^2} \tag{5.2}$$

P_{Rl} を最大にするための条件 $\partial P_{Rl}/\partial R_l = 0$，かつ $\partial P_{Rl}/\partial X_l = 0$ から $R_l = R_s$，$X_l = -X_s$ が得られ，

$$z_l = R_s - jX_s = z_s^* \tag{5.3}$$

となる．この式は電源インピーダンスに対して共役となるインピーダンスを負荷とすることで，負荷に最大電力が供給できることを示している．このとき負荷に供給される電力，すなわち有能電力 $P_{\max}$ は

$$P_{\max} = \frac{|v_s|^2}{4\operatorname{Re}\{z_s\}} \tag{5.4}$$

で表される．図 5.2 (b) についても同様に求められ

$$P_{\max} = \frac{|i_s|^2}{4\operatorname{Re}\{y_s\}} \tag{5.5}$$

となる．この最大電力供給則を図 5.1 の増幅器に適用して，電力利得を考えてみる．いま，トランジスタの特性が線形であるとして y パラメータで表されるものとし，B-B′ から左を見た回路を図 5.2 (b) の電源側，C-C′ から右を見た回路を図 5.2 (b) の負荷側とみなすと，図 5.3 のように表される．

y パラメータについて

$$i_1 = y_{11}v_1 + y_{12}v_2 \tag{5.6}$$
$$i_2 = y_{21}v_1 + y_{22}v_2 \tag{5.7}$$

入力端子，出力端子において

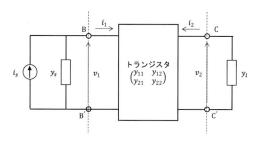

図 5.3　入出力整合回路を電源および負荷に合成した増幅器

$$i_s = i_1 + y_s v_1 \tag{5.8}$$

$$i_2 = -y_l v_2 \tag{5.9}$$

が成り立つので

$$i_2 = \frac{y_{21}}{y_s + y_{11}} i_s + \left(y_{22} - \frac{y_{12} y_{21}}{y_s + y_{11}}\right) v_2 \tag{5.10}$$

となる．ここで，C-C′ から左を見た回路にノートンの定理を適用すると図5.2 (b) の回路に置き換えることができ，電流源および内部アドミタンスは

$$i_N = -\frac{y_{21}}{y_s + y_{11}} i_s \tag{5.11}$$

$$y_N = y_{22} - \frac{y_{12} y_{21}}{y_s + y_{11}} \tag{5.12}$$

と表すことができる．先述したように負荷を $y_l = y_N^*$ としたとき，負荷に供給される電力は最大となり

$$P_{al} = \frac{|i_N|^2}{4\mathrm{Re}\left\{y_{22} - \dfrac{y_{12} y_{21}}{y_s + y_{11}}\right\}} \tag{5.13}$$

と表される．一方，図5.3の入力回路とトランジスタの入力端子は整合されていないものの

$$P_{as} = \frac{|i_s|^2}{4\mathrm{Re}\{y_s\}} \tag{5.14}$$

と電源の有能電力を表すことができ，これらの比をとることで有能電力利得 G_a は

$$G_a = \frac{P_{al}}{P_{as}} = \frac{|y_{21}|^2 \mathrm{Re}\{y_s\}}{|y_s + y_{11}|^2 \mathrm{Re}\left\{y_{22} - \dfrac{y_{12} y_{21}}{y_s + y_{11}}\right\}} \tag{5.15}$$

と求めることができる．1章で述べたように y パラメータは z パラメータや S パラメータと可換であった．よく用いられる S パラメータを用いてこの利得を表すと次式のようになる．ただし，図5.3の増幅器を図5.4のように S パラメータを用いた表現に置き換えている．

$$G_a = \frac{|S_{21}|^2 (1 - |\Gamma_s|^2)}{1 - |S_{22}|^2 + |\Gamma_s|^2 (|S_{11}|^2 - |D|^2) - 2\mathrm{Re}\{\Gamma_s (S_{11} - D S_{22}^*)\}} \tag{5.16}$$

$$D = S_{11} S_{22} - S_{12} S_{21} \tag{5.17}$$

このとき，トランジスタの入力反射係数 Γ_{in}，出力反射係数 Γ_{out} はそれぞれ

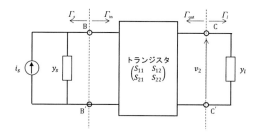

図 5.4 増幅器の S パラメータによる表現

$$\Gamma_{\text{in}} = S_{11} + \frac{S_{12}S_{21}\Gamma_l}{1-S_{22}\Gamma_l} \tag{5.18}$$

$$\Gamma_{\text{out}} = S_{22} + \frac{S_{12}S_{21}\Gamma_s}{1-S_{11}\Gamma_s} \tag{5.19}$$

で与えられる．入出力のインピーダンスが両方整合された場合には，

$$\Gamma_s = \Gamma_{\text{in}}^* \tag{5.20}$$

$$\Gamma_l = \Gamma_{\text{out}}^* \tag{5.21}$$

となる．式 (5.20)，(5.21) は入出力の反射係数が互いに入れ子になっているため，これらを連立させて解くことで同時に満足する $\Gamma_{s,\text{match}}$，$\Gamma_{l,\text{match}}$ が得られる．

$$\Gamma_{s,\text{match}} = (S_{11} - DS_{22}^*)\frac{B_1 \pm \sqrt{B_1^2 - 4|S_{11} - DS_{22}^*|^2}}{2|S_{11} - DS_{22}^*|^2} \tag{5.22}$$

$$\Gamma_{l,\text{match}} = (S_{22} - DS_{11}^*)\frac{B_2 \pm \sqrt{B_2^2 - 4|S_{22} - DS_{11}^*|^2}}{2|S_{22} - DS_{11}^*|^2} \tag{5.23}$$

$$B_1 = 1 + |S_{11}|^2 - |S_{22}|^2 - D^2 \tag{5.24}$$

$$B_2 = 1 + |S_{22}|^2 - |S_{11}|^2 - D^2 \tag{5.25}$$

このときの最大有能電力利得 $G_{a,\text{max}}$ は

$$G_{a,\text{max}} = \left|\frac{S_{21}}{S_{12}}\right|(K - \sqrt{K^2 - 1}) \tag{5.26}$$

$$K = \frac{1 + |D|^2 - |S_{11}|^2 - |S_{22}|^2}{2|S_{12}S_{21}|} \tag{5.27}$$

と求められる．能動デバイスを用いた回路では，条件を満足すると不安定となり発振してしまうため，増幅器の設計は安定性を考慮して行う必要がある．増幅器の安定性はSパラメータを用いて判断することができ，増幅回路を設計

する場合には，入出力ポートで負性抵抗を得ないようにすればよい．また，$K<1$ のときには式(5.25)が定義できなくなるため，やはり回路が不安定となる．ここまでの説明において，トランジスタの電気的特性を y パラメータや S パラメータで表してきたが，これらのパラメータは回路が線形性を保っている場合にのみ有効であるため，小信号増幅器に限られる．

大信号増幅器について，入出力整合回路などの考え方は小信号の場合と共通するものの，大信号を扱う増幅器であるから，能動デバイスの動作領域が線形とみなせる領域だけでなく，非線形領域までも使用することになる．そのため，小信号増幅器でも指標となる最大出力電力，電力利得に加えて，電力付加効率（power added efficiency：PAE），ドレイン効率，相互変調ひずみなど，バイアスを含めた電力変換効率や非線形性から生じる高調波までもが特性の評価指標となる．一般的な回路設計は，使用するトランジスタの非線形等価回路モデルをメーカーが提供するデータシートや，負荷で消費される電力が最大になるよう出力整合回路を調整するロードプル測定から得られたデータを利用して，回路シミュレータ上で行われている．

5.1.3 発振器

電子回路の書籍で説明されているように，発振器を構成するためには増幅器の出力の一部を入力側に同相で帰還させ，信号を入力しなくても電圧，電流の振動が持続するようにすればよい．発振系の大きさが許すなら，増幅器，後述するアイソレータ，位相器を用いて発振器を実現することが可能であるが，実際には，小型化や省部品化，発振周波数範囲の広帯域化が求められる．よって，これらの要求を満足するため，図 5.5 のような回路が用いられている．ただし，図 5.5 ではバイポーラトランジスタの回路記号を用いているが，FET を用いても回路構成は変わらない．

発振器は発振動作の定常状態に達すると大信号動作となるため，この状態を評価するときに S パラメータなどの線形回路パラメータは適用できない．しかし発振の初期段階では，回路上に存在する微弱な雑音電圧，電流や，電源投入時の過渡現象による微小信号が増幅されるので，発振条件を判別する限りは線形回路パラメータが使用できる．いま，図 5.3 のようにトランジスタの y パラメータを用いるとすると，図 5.5 (a) の並列帰還発振器における帰還回路の y パラメータ (y_f) は

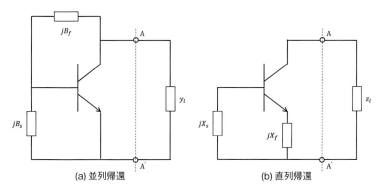

図 5.5　発振回路の基本構成

$$(y_f) = \begin{pmatrix} jB_f & -jB_f \\ -jB_f & jB_f \end{pmatrix} \tag{5.28}$$

となる．よって，トランジスタと並列帰還回路の合成 y パラメータ (y_T) は

$$(y_T) = \begin{pmatrix} y_{11}+jB_f & y_{12}-jB_f \\ y_{21}-jB_f & y_{22}+jB_f \end{pmatrix} \tag{5.29}$$

と書ける．ここで，トランジスタの入力側に jB_s を付加すると，A-A′ より左を見た出力アドミタンス y_out は，式(5.12)より

$$y_\mathrm{out} = y_{22} + jB_f - \frac{(y_{12}-jB_f)(y_{21}-jB_f)}{y_{11}+j(B_f+B_s)} \tag{5.30}$$

と表すことができる．この出力アドミタンスの実部が負性コンダクタンスを示し，かつ，その大きさが負荷アドミタンス y_l より大きければ発振が可能な回路となる．

$$\mathrm{Re}(y_\mathrm{out}) < 0 \quad \text{かつ} \quad |\mathrm{Re}(y_\mathrm{out})| \geq \mathrm{Re}(cy_l) \tag{5.31}$$

さらに，虚部に関しては

$$\mathrm{Im}(y_\mathrm{out}) + \mathrm{Im}(y_l) = 0 \tag{5.32}$$

の関係を満足するように発振周波数が決定される．

一方，図 5.5 (b) の直列帰還発振器では，トランジスタを z パラメータを用いて表すとすると，直列帰還回路の z パラメータ (z_f) は

$$(z_f) = \begin{pmatrix} jX_f & jX_f \\ jX_f & jX_f \end{pmatrix} \tag{5.33}$$

よって，トランジスタと直列帰還回路の合成 z パラメータ (z_T) は

$$(z_T) = \begin{pmatrix} z_{11}+jX_f & z_{12}+jX_f \\ z_{21}+jX_f & z_{22}+jX_f \end{pmatrix} \quad (5.34)$$

ここで,トランジスタの入力側に jX_s を付加すると,A-A′ より左を見た出力インピーダンス z_{out} は

$$z_{\text{out}} = z_{22}+jX_f - \frac{(z_{12}+jX_f)(z_{21}+jX_f)}{z_{11}+j(X_f+X_s)} \quad (5.35)$$

と表すことができる.並列帰還増幅器の場合と同様に発振条件は

$$\text{Re}(z_{\text{out}}) < 0 \quad \text{かつ} \quad |\text{Re}(z_{\text{out}})| \geq \text{Re}(z_l) \quad (5.36)$$

$$\text{Im}(z_{\text{out}}) + \text{Im}(z_l) = 0 \quad (5.37)$$

と求めることができる.

5.1.4 ミキサ

非線形な領域で動作している能動デバイスに,f_1, f_2 なる異なる2つの周波数の信号を入力すると,$mf_1 \pm nf_2$(m, n は任意の整数)の周波数成分が発生する.入力された周波数より低い周波数成分を出力させることをダウンコンバートという.低い周波数は信号処理が容易であり,機器も安価になるため,受信機などによく使用される.このような周波数変換を行う回路をミキサ(混合器)という.ミキサには能動デバイスとしてトランジスタだけでなくダイオードも用いられている.まず,ミキサの原理について説明する.一般的なミキサ用ダイオードの等価回路は図5.6のように表される.

図中の R_j, C_j はそれぞれ接合で生じる接合抵抗,接合容量を示しており,R_j はダイオードに印加される電圧とそのときに流れる電流によって変化する.R_s はダイオードに直列となる広がり抵抗である.これらの中で非線形性に特に関係するのは R_j であるので,この接合抵抗に注目する.この R_j は指数関数で表される I-V 特性の傾きの逆数 $\partial v/\partial i$ であるから,この I-V 曲線をテーラー展開すると

$$\Delta i = a_1 \Delta v^1 + a_2 \Delta v^2 + a_3 \Delta v^3 + \cdots \quad (5.38)$$

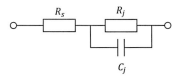

図5.6 ミキサ用ダイオードの等価回路

のように表せる.ここで,信号の電圧振幅および角周波数を V_s, ω_s とし,受信機などの内部の基準発振器(局部発振器)の電圧振幅および角周波数を V_{LO}, ω_{LO} とすると,これらを混合した電圧は

$$\Delta v = V_s \sin(\omega_s t) + V_{LO} \sin(\omega_{LO} t) \tag{5.39}$$

と書ける.この電圧を式(5.38)のI-V特性を持つダイオードに通したとき,ダイオードには次のような電流が流れる.

$$\Delta i = \frac{a_2}{2}(V_s^2 + V_{LO}^2) + a_1 V_s \sin(\omega_s t) + a_1 V_{LO} \sin(\omega_{LO} t) - \frac{a_2}{2} V_s^2 \cos(\omega_s t)$$

$$- \frac{a_2}{2} V_{LO}^2 \cos(\omega_{LO} t) + a_2 V_s V_{LO} \cos\{(\omega_s - \omega_{LO})t\} + \cdots \tag{5.40}$$

ここで生じる $\omega_s - \omega_{LO} = \omega_{IF}$ が低い周波数に変換された成分を表しており,中間周波数と呼んでいる.ダイオードでは式(5.40)で示された周波数成分が発生するが,ローパスフィルタあるいはバンドパスフィルタを用いて ω_{IF} のみを出力させることで,ダウンコンバートが行われる.ダイオードを用いた最も簡単なミキサの例を図5.7に示す.

図5.7のミキサでは,ω_{LO} に対して ω_s と対称な位置にイメージ周波数 ω_{IM} が生じ,$\omega_{IM} - \omega_{LO}$ の周波数も出力されてしまうことや,フィルタの特性によっては,いずれかの周波数が入出力を意図しない他のポートに出力されてしまうなどの問題がある.そこで,それぞれの周波数成分を回路上においてキャンセルさせ,所望の ω_{IF} のみが出力されるようにした回路がバランスミキサである.バランスミキサには,ダイオードを2個使用するシングルバランスミキサ,ダイオードを4個用いるダブルバランスミキサがよく用いられる.図5.8にシングルバランスミキサの構成を示す.

この回路において,ω_s は局部発振器ポート,中間周波数ポートのどちらにも生じることはない.また,ω_{LO} は信号ポートで互いに逆相となるのでキャン

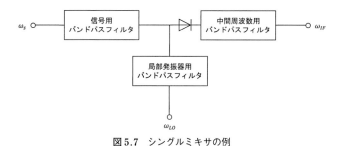

図5.7 シングルミキサの例

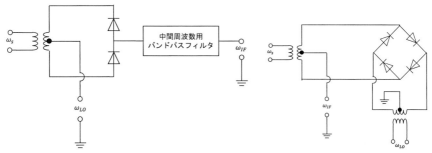

図 5.8　シングルバランスミキサの構成　　　図 5.9　ダブルバランスミキサの構成

セルされている．一方，中間周波数ポートではキャンセルされないが，中間周波数用バンドパスフィルタによって遮断されている．次に，それぞれのダイオードの位置で見てみると，ω_s は同振幅同相，ω_{LO} は同振幅逆相となっているので，これらの周波数成分の差がダイオードの中間点に生じる．バンドパスフィルタによって $\omega_s - \omega_{LO}$ の周波数のみがポートに現れることになる．

最もよく使用されているダブルバランスミキサは，シングルバランスミキサではフィルタによって除去していた ω_{LO} に対しても平衡させるようにした回路であり，図 5.9 のような構成となる．

5.2　大電力回路

5.2.1　進行波管の原理

4.6 節において，周期構造を持つ伝送線路中では，遅波回路によって電磁波の進む速度が遅くなり，電子の走行速度に近くなることで相互に干渉すると説明した．この原理を用いることで増幅を行う回路が進行波管であり，電子レンジ用のマイクロ波源として用いられているマグネトロンも，進行波管の増幅作用を原理としていると考えることができる．図 5.10 に主なマイクロ波源の周波数域と出力電力域を示す．

半導体増幅器を用いたマイクロ波源が 1 素子あたり数十 W 程度であるのに対して，マグネトロンでは MW クラスのものも存在するだけでなく，小型，軽量，広帯域などの特徴も併せ持っている．

まず，進行波管の原理について説明する．進行波管では螺旋遅波回路がよく用いられ，この回路内の電磁波は，螺旋に沿って旋回しながら伝搬していると

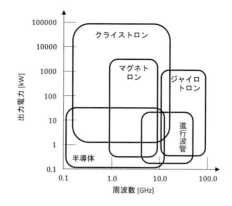

図 5.10 主な高周波電力源の周波数および電力域

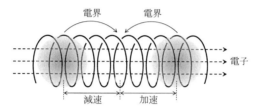

図 5.11 螺旋遅波回路の電界分布と電子密度の粗密

考えてよい．螺旋の軸方向の速度は螺旋のピッチが狭いほど遅くなる．この螺旋の中を電子が通過すると，加速される場所と減速される場所が存在するため，進んでいく間に電子密度に粗密が生じる．この様子を示したのが図 5.11 であり，網かけの領域に電子が集中している．

電子の走行速度が電磁波より速い場合，電子は前方に生じている減速させようとする電界に逆らって進むことになり，電子の持つ運動エネルギーは減少する．減少した運動エネルギーは電磁波の電気的エネルギーとなるため，結果として電磁波に対する増幅作用が現れる．

5.2.2 マグネトロン

マグネトロンは，先述のように進行波管の入力端と出力端を結合して帰還ループを作ることで，マイクロ波が大振幅で発振するようにした回路と考えることができる．図 5.12 にマグネトロンの内部構造を示す．

マグネトロンでは図 5.12 のように中心のカソードから熱電子放出された電

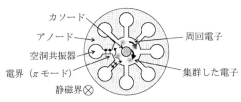

図 5.12 マグネトロンの内部構造

子は，周囲のアノードへと向かう．このとき，全体に静磁界が印加されているため，カソードから放射状に放出された電子には周方向の力がかかり，全体として周回運動の状態となる．マグネトロン内部の周方向の構造は周期構造となっており，異なる3つの振動モードが存在するが，一般に使用されるのは π モードと呼ばれるモードである．このモードでは，各空洞共振器の入口付近の電界は互いに逆方向を向いているため，周回する電子は一様分布ではなく，ある位相の位置に電子が集群し，これらの電子群が周回するバンチングが生じる．このとき，進行波管と同様に電子の運動エネルギーが空洞共振器の電磁界を増大させることになる．閉じた導波路の構造を持ち，電子流の帰還率を1にできるため，発振器としての効率は高く，アノードでもある空洞共振器は金属ブロックに穴をあけた構造であるため，放熱性にも優れている．これらの特徴から，考案されて100年程度を経た今日でも数百 kW クラスの高出力マイクロ波源として使用されているだけでなく，電磁波を用いた調理器具である電子レンジのマイクロ波源として広く普及している．

5.3 非可逆素子

5.3.1 フェライトの特性

電磁気的な特性を使用する回路を構成する上で重要な材料は，これまでに用いてきた導体，誘電体に加えて磁性体である．磁性体は外部から磁界を印加して用いる場合と印加しないで用いる場合がある．外部磁界を用いない場合，透磁率は誘電率と同様に $\mu = \mu' - j\mu''$ と複素数で表される．一般的な磁性体の複素透磁率の周波数特性を図 5.13 に示す．

実部 μ' は高い周波数帯で急激に減少し，この現象を示す周波数は，低い周波数帯での大きさが大きいほど低くなる．一方，虚部 μ'' は実部が減少するに従って増大する．μ'' は磁性損失を表すため，低損失が求められる回路には用

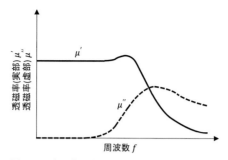

図 5.13 主な高周波電力源の周波数および電力域

いられず，逆に高い損失が求められる電波吸収体の材料として適している．このように，周波数特性はあるものの誘電率と同様の考え方で取り扱うことができる．一方，外部磁界を印加して用いる場合，透磁率はテンソルで表され，マイクロ波帯のみならずミリ波帯でも広く使用される．特に回路の伝達特性において，振幅および位相の非可逆性を得たい場合に積極的に用いられる．マイクロ波以上の周波数帯でよく用いられるこのような磁性体に，酸化物磁性体のフェライトがある．ここではフェライトとその応用について説明する．

フェライトは，向きの相反する電子スピンを持った強磁性体と反強磁性体からなるフェリ磁性体のひとつであり，強磁性体に似た特性を有し，電気伝導率は低い．物質の持つ磁性は，主として電子スピンに由来していて，非可逆特性はこの電子スピンと高周波磁界との相互作用に基づいている．孤立電子は図 5.14 に示すようにスピンし，角運動量 L と磁気モーメント M を持っている．

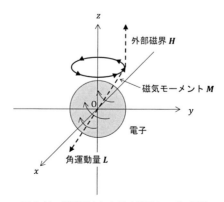

図 5.14 静磁界中における電子のスピン運動

電子は負に帯電しているため，L と M は逆方向となっている．

　これらの2つの量の間には比例関係があり，
$$M = \gamma L \tag{5.41}$$
と表せる．γ は磁気回転比と呼ばれる．ここに外部の磁界 H を加えると
$$T = M \times H \tag{5.42}$$
と表されるトルクが働く．一方，角運動量 L の時間変化量は加えられたトルクに等しい．
$$T = \frac{dL}{dt} \tag{5.43}$$
これらの式から，
$$\frac{dM}{dt} = \gamma M \times H \tag{5.44}$$
の関係式を得る．この式は，電子の持つ磁気モーメント，あるいは角運動量がトルクを受けることで磁界の方向を軸としてその周りを歳差運動する運動方程式となっている．

　次にマイクロ波に対するフェライトの作用について説明する．いま $+z$ 方向に静磁界 H_0 を印加しておき磁化を飽和させた状態で，H_0 に垂直に弱い高周波磁界を印加したとする．高周波磁界は z 方向の成分を持たないので $h = h_x x + h_y y$ と表せ，この磁界による磁化を $m = m_x x + m_y y + m_z z$ とすると，フェライト内の磁界および磁化は，
$$H = h_x x + h_y y + H_0 z \tag{5.45}$$
$$M = m_x x + m_y y + (M_s + m_z) z \tag{5.46}$$
と表すことができる．M_s は $+z$ 方向の飽和磁化を示している．これら2式を式(5.44)に代入すると，
$$\begin{cases} j\omega m_x = \gamma(m_y H_0 - M_s h_y) \\ j\omega m_y = \gamma(M_x h_x - m_x H_0) \\ m_z = 0 \end{cases} \tag{5.47}$$
ただし，$H_0 \gg h_x, h_y$ とし，$M_s \gg m_x, m_y$ としており，高周波磁界の角周波数を ω，d/dt を $j\omega$ とおいている．上式を m_x, m_y について解くと，
$$\begin{cases} m_x = \dfrac{\gamma^2 M_s H_0}{\gamma^2 H_0^2 - \omega^2} h_x - j \dfrac{\omega \gamma M_s}{\gamma^2 H_0^2 - \omega^2} h_y \\ m_y = j \dfrac{\omega \gamma M_s}{\gamma^2 H_0^2 - \omega^2} h_x + \dfrac{\gamma^2 M_s H_0}{\gamma^2 H_0^2 - \omega^2} h_y \end{cases} \tag{5.48}$$

と求めることができる．次に，高周波の磁束密度 $\boldsymbol{b}=\mu_0\boldsymbol{h}+\boldsymbol{m}$ を高周波磁界の関数として表すと，

$$\begin{cases} b_x = \mu h_x - j\kappa h_y \\ b_y = j\kappa h_x + \mu h_y \\ b_z = \mu_0 h_z \end{cases} \tag{5.49}$$

であるから，

$$\begin{cases} \mu = \mu_0 + \dfrac{\gamma^2 M_s H_0}{\gamma^2 H_0^2 - \omega^2} = \mu_0\left(1 + \dfrac{\omega_0 \omega_m}{\omega_0^2 - \omega^2}\right) \\ \kappa = \dfrac{\omega \gamma M_s}{\gamma^2 H_0^2 - \omega^2} = -\mu_0 \dfrac{\omega \omega_m}{\omega_0^2 - \omega^2} \\ \omega_0 = -\gamma H_0 \\ \omega_m = -\gamma \dfrac{M_s}{\mu_0} \end{cases} \tag{5.50}$$

と表すことができる．式(5.49)，式(5.50)からわかるように，透磁率は，等方性媒質中ではスカラ量であったが，磁界を印加したフェライト媒質中ではテンソル量となる．ここで，後述するアイソレータの構成を理解しやすくするため，フェライトに印加されるマイクロ波の偏波に対する性質について説明する．まず，特殊な場合として円偏波に対する性質について考えてみる．円偏波には電磁界が回転する方向によって2種類あり，h_y が h_x より $\pi/2$ だけ遅れているものを正円偏波，進んでいるものを負円偏波と呼んでいる．正円偏波では

$$h_y = -jh_x \tag{5.51}$$

と表せる．これを式(5.49)に代入すると

$$\begin{cases} b_x = (\mu - \kappa)h_x \\ b_y = (\mu - \kappa)h_y \end{cases} \tag{5.52}$$

となり，$\boldsymbol{b}$ の各成分は同じ係数で $\boldsymbol{h}$ に比例していることがわかる．この正円偏波に対する透磁率を μ_+ とおくと

$$\mu_+ = \mu - \kappa = \mu_0\left(1 + \dfrac{\omega_m}{\omega_0 - \omega}\right) \tag{5.53}$$

となる．この式において，$\omega = \omega_0 \equiv |\gamma H_0|$ のとき，すなわち，静磁界中における電子スピンの歳差運動の角周波数 ω_0 と高周波磁界の角周波数 ω が等しいとき，$\mu_+ = \infty$ となり，磁気共鳴が起こる．同様に負円偏波に対しては

$$\mu_- = \mu + \kappa = \mu_0\left(1 + \dfrac{\omega_m}{\omega_0 + \omega}\right) \tag{5.54}$$

となり,磁気共鳴は起こらない.上記の結果より,円偏波に対するフェライトの透磁率はスカラ量で表されるが,正円偏波と負円偏波では示す透磁率が大きく異なることがわかる.なお,マイクロ波の負円偏波に対する透磁率は $\mu_-\approx\mu_0$ となり,正円偏波に対する透磁率は磁気共鳴点において $\mu_+=\pm\infty$ となる.次に直線偏波について考える.マイクロ波が z 軸に沿って伝搬し,$z=0$ における磁界の偏波面が x 軸に平行であるとする.このとき

$$h=\sqrt{2}h_0\cos\omega t=\frac{1}{\sqrt{2}}\{h_0 e^{j\omega t}+h_0 e^{-j\omega t}\} \tag{5.55}$$

と表すとすれば,この式は正円偏波および負円偏波を含んでいる.前述の円偏波の説明から,それぞれに対して異なる透磁率を示すことから,これらの位相定数も異なる.距離 z だけ伝搬したなら

$$\begin{aligned}h(z)&=\frac{1}{\sqrt{2}}h_0\{e^{j(\omega t-\beta_+ z)}+e^{-j(\omega t-\beta_- z)}\}\\&=\sqrt{2}h_0 e^{j(\beta_--\beta_+)\frac{\pi}{2}}\cos\left\{\omega t-(\beta_++\beta_-)\frac{z}{2}\right\}\end{aligned} \tag{5.56}$$

となる.この式から偏波面が角度 $(\beta_--\beta_+)\pi/2$ だけ右回りに回転し,位相が $(\beta_++\beta_-)z/2$ だけ遅れることがわかる.この現象をファラデー効果という.

5.3.2 アイソレータ

ここで説明するアイソレータは,前述の非可逆回路の一つであり,主にマイクロ波源を反射波から保護する目的で使用される.アイソレータは2つの開口を持つ回路であるから,まず,Sパラメータを用いてその特性を説明する.Sパラメータが

$$(S)=\begin{pmatrix}S_{11}&S_{12}\\S_{21}&S_{22}\end{pmatrix} \tag{5.57}$$

となることはすでに説明した.ここで,S_{12}, S_{21} はそれぞれポート2およびポート1からの入力が,ポート1およびポート2にどのように出力されるかを表している.ただし,ポート1, 2は無反射終端されている.この2つの量の間に,

$$S_{12}=S_{21} \tag{5.58}$$

が成り立つとき,回路は可逆であるという.一方,

$$S_{12}\neq S_{21} \tag{5.59}$$

のときには回路は非可逆であるという．n 個のポートを持つ回路において，

$$S_{ij} \neq S_{ji} \quad (i, j = 1, \cdots, n) \tag{5.60}$$

なる要素が1つでもあれば非可逆回路である．アイソレータの理想的な特性は1方向にのみ全透過するものであるから，Sパラメータは

$$\begin{pmatrix} 0 & 0 \\ 1 & 0 \end{pmatrix} \tag{5.61}$$

と表される．この行列についてユニタリ性を見てみると，

$$\begin{pmatrix} 0 & 1 \\ 0 & 0 \end{pmatrix} \begin{pmatrix} 0 & 0 \\ 1 & 0 \end{pmatrix} = \begin{pmatrix} 1 & 0 \\ 0 & 0 \end{pmatrix} \neq \begin{pmatrix} 1 & 0 \\ 0 & 1 \end{pmatrix} \tag{5.62}$$

であるから，アイソレータは無損失の回路では実現できないことがわかる．すなわち回路中のどこかに損失を与えるものが必要であることになる．

導波管用のアイソレータとしてよく用いられるものはファラデー回転形，電界変位形に大別される．図5.15にファラデー回転形の基本的な構造を示す．このアイソレータは，ポート1とポート2を空間的に $\pi/4$ だけねじってあり，内部にファラデー回転子と呼ばれるファラデー回転角が $\pi/4$ のフェライトと，厚さ方向には損失を与えない電波吸収体，あるいは抵抗膜が挿入されている．図5.15 (a) において，ポート1から入力されたマイクロ波は電波吸収体に対して電界が垂直であるから減衰を受けずにファラデー回転子に入り，そこで右回りに $\pi/4$ だけ偏波面が回転される．この回転によって，ポート1への入力と同様に反射せずポート2から出力される．一方，図5.15 (b) において，ポート2から入力された場合にはファラデー回転子によって $\pi/4$ の偏波面の回転を受ける．$\pi/4$ 傾けて入力されているため，図5.15 (a) で入力される電磁界とは振動方向が $\pi/2$ ずれることになる．このとき，電界の向きが電波吸収体と平行になるので減衰を受け，結果としてポート1には出力されないことになる．このようなアイソレータをファラデー回転形アイソレータといい，主にミリ波帯以上の高周波帯で用いられている．

ファラデー回転形アイソレータは，ファラデー回転を利用する性質上からポート1とポート2で空間的なねじれを必要とする．これに対して，ねじれのない導波管用として広く用いられているアイソレータに電界変位形アイソレータがある．電界変位形アイソレータの一例を図5.16に示す．

2.3節において，方形導波管の基本モードである TE_{10} モードについて説明した．式(2.74)および式(2.78)より，特定の x に対して H_x と H_z の振幅が等

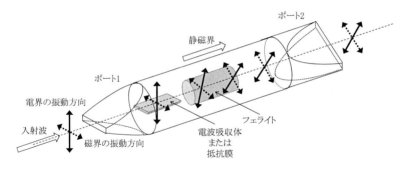

(a) 順方向入力

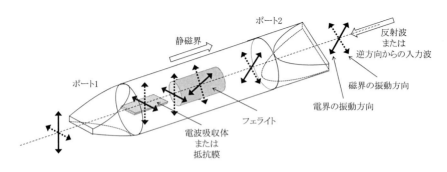

(b) 逆方向入力

図 5.15　ファラデー回転形導波管用アイソレータ

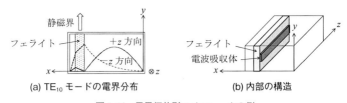

(a) TE_{10} モードの電界分布　　(b) 内部の構造

図 5.16　電界偏位形アイソレータの例

しく，位相差が $\pi/2$ となる位置が存在することがわかる．この位置では円偏波のように磁界の向きが回転しながら伝搬していることを意味する．この位置に $\mu_+ < 0$ となるように磁化したフェライトを挿入すると伝搬定数の虚部がなくなるため，マイクロ波が存在できず，カットオフ状態となる．一方，マイクロ波が逆方向に伝搬する場合には透磁率は $\mu_- \approx \mu_0$ であり，フェライトの誘電率が大きいため，電界はこの部分に集中することになる．この様子を示したも

のが図5.16(a)である．したがって，図5.16(b)のように電波吸収体あるいは抵抗膜を配置することで，$+z$方向へ伝搬するマイクロ波は減衰を受けずに透過し，$-z$方向へ伝搬するマイクロ波だけが減衰を受ける．電波吸収体の管軸方向の長さを十分長くすることで出力をなくすことができる．

5.3.3 サーキュレータ

前項で説明したアイソレータは，大電力伝送路や測定用としては用いられているが，これら以外の用途ではほとんど使用されなくなっている．特に平面回路においては，サーキュレータを応用したアイソレータがよく用いられている．3ポートのサーキュレータを図5.17に示す．

この図において，マイクロ波がポート1に入力されるとすべてがポート2へ出力され，ポート2に入力されるとすべてがポート3に出力される．同様にポート3へ入力されるとすべてがポート1に出力される．この関係をSパラメータで表現すると

$$\begin{pmatrix} 0 & 0 & 1 \\ 1 & 0 & 0 \\ 0 & 1 & 0 \end{pmatrix} \tag{5.63}$$

となる．このSパラメータについてユニタリ性を見てみると

$$\begin{pmatrix} 0 & 1 & 0 \\ 0 & 0 & 1 \\ 1 & 0 & 0 \end{pmatrix} \begin{pmatrix} 0 & 0 & 1 \\ 1 & 0 & 0 \\ 0 & 1 & 0 \end{pmatrix} = \begin{pmatrix} 1 & 0 & 0 \\ 0 & 1 & 0 \\ 0 & 0 & 1 \end{pmatrix} \tag{5.64}$$

となるため，回路内部に損失を与えるものを必要としない無損失回路で実現できることがわかる．このことから，サーキュレータは非可逆性を持つフェライトによって実現することができ，電波吸収体や抵抗膜を必要としないことがわかる．図5.18に示すY形サーキュレータを例にその特徴について考えてみ

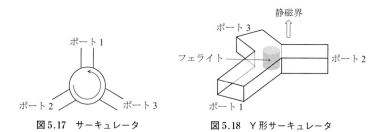

図5.17　サーキュレータ　　　図5.18　Y形サーキュレータ

る.

　この回路は，3つのポートが互いに$2\pi/3$だけずれた角度で配置されていて，接続点の中央に円柱形状のフェライトが挿入されている．いま，ポート1からTE$_{10}$モードでマイクロ波が入力されると，ポート1からフェライトを見た左側では正円偏波，右側では負円偏波が生じるので，静磁界を$\mu_+ \geq 0$の付近になるようにすると，左側の位相速度$1/\sqrt{\varepsilon\mu_+}$を右側の位相速度$1/\sqrt{\varepsilon\mu_-}$に比べて大きくすることができる．このとき，等位相面はポート2の方向を向くことになり，結果として入力されたマイクロ波のほとんどはポート2へ出力される．この原理はY形に限らず，同じく3ポート回路のT形サーキュレータや4ポート回路のX形サーキュレータも実現できる．また，マイクロストリップ線路を用いても同様の考え方でサーキュレータを構成することができる．

　最後に，図5.18においてポート3を整合終端した場合について説明する．ポート1から入力されたマイクロ波はポート2にすべて出力されることは前述の通りである．次にポート2にマイクロ波が入力されたとすると，本来はすべてポート3へ出力されるはずであるが，ポート3は整合終端されているためポート3では出力も反射もされず，完全に吸収される．すなわち，ポート1への入力はポート2へ全透過し，ポート2への入力はどのポートへも出力されない回路が実現される．この特性は先に説明したアイソレータの特性と同等であり，広く使用されている．

◇演習問題◇

5.1 面実装型のトランジスタやFETはエミッタ端子やソース端子が2つある4端子回路で，必ずしもエミッタやソースを接地しなければならないわけではない．エミッタを接地したときとベースを接地したときのyパラメータが異なることを示せ．

5.2 バイポーラトランジスタのSパラメータがフェーザ表示で$S_{11}=0.56\angle 170°$，$S_{12}=0.06\angle 75°$，$S_{21}=4.04\angle 76°$，$S_{22}=0.41\angle -23°$と与えられるとき，このトランジスタを使った増幅回路の安定性を評価せよ．また，安定な場合には最大有能電力利得を求めよ．

5.3 電界変位形アイソレータでは，磁界が円偏波となっている位置にフェライトを置き，単方向性を実現している．方形導波管のTE$_{10}$モードにおいて，y軸（高さ方向）に対して磁界が回転している位置を求めよ．

付録1　数学公式

A.　ベクトル

a, b, c をベクトルとする.

$$(a \times b) \cdot c = (b \times c) \cdot a = (c \times a) \cdot b \tag{A.1}$$

$$\nabla \cdot (a \times b) = b \cdot \nabla \times a - a \cdot \nabla \times b \tag{A.2}$$

$$\nabla \times \nabla \times a = \nabla \nabla \cdot a - \nabla^2 a \tag{A.3}$$

$$\nabla \cdot \nabla \times a = 0 \tag{A.4}$$

B.　ガウスの発散定理

A を任意のベクトル関数とする.

$$\oint_S A \cdot ds = \oint_V \nabla \cdot A \, dv \tag{B.1}$$

C.　ストークスの定理

A を任意のベクトル関数とする.

$$\oint_S \nabla \times A \, ds = \oint_C A \cdot dl \tag{C.1}$$

D.　球座標系でのラプラシアン

$$\nabla^2 = \frac{1}{r^2} \cdot \frac{\partial}{\partial r}\left(r^2 \frac{\partial}{\partial r}\right) + \frac{1}{r^2 \sin\theta} \cdot \frac{\partial}{\partial \theta}\left(\sin\theta \frac{\partial}{\partial \theta}\right) + \frac{1}{r^2 \sin\theta} \cdot \frac{\partial^2}{\partial \phi^2} \tag{D.1}$$

付録2 演習問題略解

1.1 略

1.2 式(1.52)の両辺の逆数をとると，左辺は $g+jb$ となる．以下，式(1.53)，式(1.54)の導出と同様に式を変形すると，以下の式を得る．

$$\left(u+\frac{r}{r+1}\right)^2+v^2=\left(\frac{1}{g+1}\right)^2$$

$$(u+1)^2+\left(v+\frac{1}{b}\right)^2=\left(\frac{1}{b}\right)^2$$

1.3 図1.17(b)の回路構成で設計できる．2通りの設計が可能で，シャントのリアクタンスが $X_{b1}=179$ [Ω] または -73.5 [Ω]，それぞれの場合シリーズのリアクタンスが $X_{b2}=-61$ [Ω] または 61 [Ω] となる．前者で設計すると，シャントのLが189 [nH]，シリーズのCが17 [pF] となる．

1.4 スタブ1をC性，スタブ2をL性で設計すると，$l_1=0.062\lambda$ のオープンスタブ，スタブ2は $l_2=0.125\lambda$ のショートスタブとなる．スタブ1，スタブ2ともにC性で設計することもでき，$l_1=0.14\lambda$，$l_2=0.125\lambda$ のオープンスタブとなるが，スタブ長が長くなる．$\lambda=0.65c/f$ を代入して解を得る．

2.1 式(2.18)より実効比誘電率 ε_e は 1.72 となり，特性インピーダンス Z_c は式(2.20)より 68.15 Ω である．30 GHz のときの基板内波長は 7.6 mm である．

2.2 TEモードの電磁界分布の導出に対して偏波を直交させ，E_z についてのヘルムホルツの方程式を解いて各成分の式を導出し，導波管壁における電界の境界条件を満たす条件から積分定数を決定することにより，TMモードの各成分の式が得られる．

2.3 TE_{10}, TE_{20}, TE_{01} モードの遮断周波数は，それぞれ，17.4 GHz，34.8 GHz，34.8 GHz であるので，基本モードだけを伝送する周波数は，17.4〜34.8 GHz である．

2.4 自由空間波長は 10.0 mm，管内波長は 12.3 mm である．また，自由空間波長と管内波長が等しくなるとき，$\varepsilon_r=1+(\lambda_0/2a)^2$ である．よって，$\varepsilon_r=1.34$ である．

2.5 略

3.1 回路が可逆であることから $S_{ij}=S_{ji}$ で，全端子整合であるため $S_{ii}=0$ としたとき，2, 4, 5 端子の時にはユニタリ条件を満たすが，3端子の時にはユニタリ条件を満たさないことを示す．

3.2 $Z_{01}=65\ \Omega$, $Z_{02}=79\ \Omega$

4.1 $W_E = \mu H_1^2 \dfrac{ab(a^2+c^2)}{2c}$ （H_1 は任意の定数）

4.2 $\int_s \boldsymbol{H}_{\tan} \cdot \boldsymbol{H}_{\tan}{}^* ds = \int_s H_t^2 ds$ であるから，6つの壁面における磁界の接線成分の2乗を面積分すると $8H_1^2\left(\dfrac{a^3}{4c} + \dfrac{ac}{4} + \dfrac{bc}{2} + \dfrac{a^3 b}{2c^2}\right)$.

よって，Q 値は $Q = \dfrac{abc(a^2+c^2)}{\delta(a^3 c + ac^3 + 2abc^3 + 2a^3 b)}$.

4.3

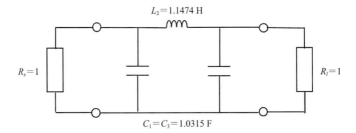

4.4

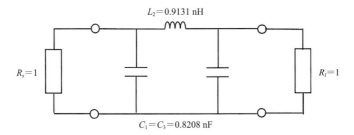

4.5

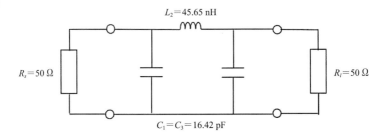

5.1 エミッタ接地 $\begin{pmatrix} y_{11} & y_{12} \\ y_{21} & y_{22} \end{pmatrix}$, ベース接地 $\begin{pmatrix} y_{11}' & y_{12}' \\ y_{21}' & y_{22}' \end{pmatrix} = \begin{pmatrix} y_{11}+y_{12}+y_{21}+y_{22} & -y_{12}-y_{22} \\ -y_{21}-y_{22} & y_{22} \end{pmatrix}$

5.2 式(5.26)より,$K>1$ であれば安定.最大有能電力利得は式(5.25)から得られる.

5.3 a を導波管幅とすると $0.2a$, $0.8a$.

索　引

あ 行

アイソレーション　74
アイソレータ　126
　　電界変位形——　127
　　ファラデー回転形——　127
アース　2
アドミタンスチャート　25
アンペアの法則　42

位相速度　57
位相定数　45, 46, 53
一導体系　42
イミタンスチャート　25
インバータ　102
インピーダンススケーリング因子　100
インピーダンス変換　19
インピーダンス変成器　72

ウィルキンソンカップラ　74

エアライン　58
エネルギー速度　58
円形導波管　52
円柱関数　61

オープンスタブ　19

か 行

外導体　42
外部 Q　89, 90
ガウスの法則　44
管内波長　57

規格化抵抗　21
規格化リアクタンス　21
基準インピーダンス　18
基板内波長　49
基本モード　60, 61
共振曲線　90
共役整合　15

グーボー線路　63
グランド　2
グランド付きコプレナ線路　50
群速度　57

原型ローパスフィルタ　98
減衰定数　53

高次モード　45
高周波スイッチ　75
コプレナ線路　11, 40, 50
　　グランド付き——　50

さ 行

最大有能電力利得　115
サーキュレータ　129
散乱行列　17

支持材　42
磁性体　71
実効比誘電率　49
遮断周波数　57
遮断波長　60
周期構造伝送線路　107
終端　11
シュペルトップバラン　81
ショートスタブ　19

シングルバランスミキサ　119
進行波管　109, 120

スタブ　19, 66
　　オープン——　19
　　ショート——　19
　　多重——　34
　　二重——　34
　　ラジアル——　67
スタブ整合　34
ストリップ線路　11, 40, 49
スミスチャート　21
スルーホール　65
スロット線路　40, 50
スロープパラメータ　91

整合　12
整合回路　16, 66
接地　2

挿入損失法　98
挿入損失リプル　99
相反性　74
増幅器　112

た 行

ダイオード　110, 111
ダイポールアンテナ　81
ダウンコンバート　118
多重スタブ　34
ダブルバランスミキサ　119
単一スタブ　34
端子対　16
端部効果　48, 64

チェビシェフ特性　98

チップ抵抗器　65
遅波回路　120
チョーク構造　76
直列帰還発振器　117

抵抗体　65
抵抗率　5
逓倍器　97
デジタル移相器　76
テーパ構造　68
電圧定在波比　14
電圧反射係数　12
電界効果トランジスタ　111
電界変位形　127
電界変位形アイソレータ　127
電磁波　1
電信方程式　6
伝送線路　2
伝送損失　49
電波　1
伝搬定数　6, 43, 53

等角写像　20
同軸線路　40
透磁率　5, 10
導体損失　45
導波管　40
特性インピーダンス　6, 43, 45, 47
トランジスタ　110, 111
トランス　28
トリプレート線路　49

な 行

内導体　42
内部 Q　89

二重スタブ　34
二導体系　3, 40
入射波　6

は 行

バイアス　67
ハイパスフィルタ　69, 97
バイポーラトランジスタ　111
　ヘテロ接合——　111
　ホモ接合——　111
バターワース特性　98
波長短縮率　10
発振器　116
波動インピーダンス　45
波動方程式　7
バラン　81
バランスミキサ　119
反射係数　12
反射波　6
バンチング　122
バンドストップフィルタ　98
バンドパスフィルタ　69, 97

非可逆性　71
光　1
光ファイバ　42, 63
非相反特性　71
比透磁率　10
比誘電率　10
表皮効果　41
表面抵抗　96
表面波　62
表面波線路　42

ファラデー回転形　127
ファラデー回転形アイソレータ　127
ファラデー効果　126
フィンライン　40, 76
フェライト　71, 123
フェライトコア　82
負荷 Q　89, 90
複素ポインティング　96
不平衡線路　2, 40
フロケの定理　108
分散曲線　108

分散特性　58
分布定数回路　4
分布定数線路　4
分離度　74

平衡線路　2, 40
平行二線線路　46
平行板線路　40, 49
平行板モード　49, 50
平衡不平衡変換回路　81
平面波　9, 40, 51
並列帰還発振器　116
ベッセル関数　61
ヘテロ接合バイポーラトランジスタ　111
ヘルムホルツの方程式　53
変成器　28

ポインティングベクトル　42
方形導波管　52
放射損失　45
ポート　16
ホモ接合バイポーラトランジスタ　111

ま 行

マイクロストリップ線路　40, 48
マイクロストリップライン　10
マイクロ波　1
マグネトロン　109, 120

ミキサ　118
右ネジの法則　42

無損失線路　7
無負荷 Q　89

メタマテリアル　109

モノリシックマイクロ波集積回路　110

漏れ損失　50

や行

誘電体線路　62
誘電体損失　46
誘電体板イメージ線路　63
誘電率　5, 10
有能電力　113
ユニタリ性　74, 78

ら行

ラジアルスタブ　67
ラジオダクト　10
螺旋遅波回路　120

リターンロス　15
臨界角　62

レッヘル線　14, 40

漏洩電流　82
ローパスフィルタ　69, 97

英数

E面T分岐　81

H面T分岐　80
HEMT　111
HF　1

Jインバータ　103
(J) FET　111

Kインバータ　103

(MES) FET　111
(MOS) FET　111

ON/OFF比　76

PINダイオード　75
port　16

Q値（quality factor）　87

S行列　17
Sパラメータ　17
SHF　1

T型2等分配器　71
T形サーキュレータ　130
TE波　11, 42, 51
TEM波　8, 42
TM波　11, 42, 51

TMモード　45
transformer　28

UHF　1

VHF　1
VSWR　14

X形サーキュレータ　130

Y型2等分配器　72
Y形サーキュレータ　129
Yパラメータ　17

Zパラメータ　17

1/4波長インピーダンス変成器　67
1/4波長変成器（$\lambda/4$変成器）　19

著者略歴

榊原 久二男（さかきばら くにお）
1968年　愛知県に生まれる
1996年　東京工業大学大学院理工学研究科電気・電子工学専攻博士課程修了
現　在　名古屋工業大学大学院工学研究科教授
　　　　博士（工学）

太郎丸 真（たろうまる まこと）
1962年　福岡県に生まれる
1997年　九州工業大学大学院情報工学専攻博士課程後期単位取得退学
現　在　福岡大学工学部教授
　　　　博士（情報工学）

藤森 和博（ふじもり かずひろ）
1970年　富山県に生まれる
1999年　横浜国立大学大学院工学研究科電子情報工学専攻博士課程修了
現　在　岡山大学大学院自然科学研究科准教授
　　　　博士（工学）

電波工学基礎シリーズ3
波動伝送工学

定価はカバーに表示

2019年3月1日　初版第1刷
2022年8月25日　　　第2刷

著　者　榊　原　久二男
　　　　太　郎　丸　　　真
　　　　藤　森　和　博
発行者　朝　倉　誠　造
発行所　株式会社　朝倉書店
　　　　東京都新宿区新小川町6-29
　　　　郵便番号　162-8707
　　　　電話　03（3260）0141
　　　　FAX　03（3260）0180
　　　　https://www.asakura.co.jp

〈検印省略〉

© 2019〈無断複写・転載を禁ず〉　　新日本印刷・渡辺製本

ISBN 978-4-254-22216-6　C 3355　　Printed in Japan

JCOPY〈出版者著作権管理機構　委託出版物〉
本書の無断複写は著作権法上での例外を除き禁じられています．複写される場合は，そのつど事前に，出版者著作権管理機構（電話03-5244-5088，FAX 03-5244-5089，e-mail: info@jcopy.or.jp）の許諾を得てください．

好評の事典・辞典・ハンドブック

物理データ事典 　　日本物理学会 編　B5判 600頁

現代物理学ハンドブック 　　鈴木増雄ほか 訳　A5判 448頁

物理学大事典 　　鈴木増雄ほか 編　B5判 896頁

統計物理学ハンドブック 　　鈴木増雄ほか 訳　A5判 608頁

素粒子物理学ハンドブック 　　山田作衛ほか 編　A5判 688頁

超伝導ハンドブック 　　福山秀敏ほか 編　A5判 328頁

化学測定の事典 　　梅澤喜夫 編　A5判 352頁

炭素の事典 　　伊与田正彦ほか 編　A5判 660頁

元素大百科事典 　　渡辺 正 監訳　B5判 712頁

ガラスの百科事典 　　作花済夫ほか 編　A5判 696頁

セラミックスの事典 　　山村 博ほか 監修　A5判 496頁

高分子分析ハンドブック 　　高分子分析研究懇談会 編　B5判 1268頁

エネルギーの事典 　　日本エネルギー学会 編　B5判 768頁

モータの事典 　　曽根 悟ほか 編　B5判 520頁

電子物性・材料の事典 　　森泉豊栄ほか 編　A5判 696頁

電子材料ハンドブック 　　木村忠正ほか 編　B5判 1012頁

計算力学ハンドブック 　　矢川元基ほか 編　B5判 680頁

コンクリート工学ハンドブック 　　小柳 洽ほか 編　B5判 1536頁

測量工学ハンドブック 　　村井俊治 編　B5判 544頁

建築設備ハンドブック 　　紀谷文樹ほか 編　B5判 948頁

建築大百科事典 　　長澤 泰ほか 編　B5判 720頁

価格・概要等は小社ホームページをご覧ください．